不一樣的星級住家飯

Beti's Kitchen 著

萬里機構

推 薦 序 1

我認識 Beti 已有十多年，有幸見證她從一位業餘家庭煮婦，漸漸晉身成為網絡紅人，並推出第一本烹飪書，實在為她感到無比驕傲！每當我的親戚朋友或同事問我：「喔！原來你是 Beti's Kitchen 大廚 Beti 的朋友？」我會很自豪地説：「她是我的好姊妹！」

Beti 熱愛烹飪，經常為家人和朋友下廚，所以我很有口福，有許多機會品嘗她的廚藝。每次下廚她都很用心準備別具特色的菜單，精進地改良食譜，並親自到街市選購食材。Beti 今天成功的背後，除了天賦，我看到的是努力不懈和一絲不苟的精神！

我一直都説，Beti 是我的偶像！她白天在銀行上班，下班後照顧她的愛兒 Daxton，把家庭打理得井井有條，同時又要鑽研食譜和經營 IG，籌備這本烹飪書，仍能抽時間做運動和打扮得美美的！就連我的老公也叫我向 Beti 多多學習！也許她下一本書可以跟我們分享管理時間的成功之道，哈哈！

我在此祝願 Beti 繼續人氣高企，新書大賣！

奚倩雯 Estella Hai

推 薦 序 2

Beti 給我的印象一直停留在十二歲（笑）！除了因為她的童顏，也因為她是我最好朋友的表妹，也是我的中學師妹，這個印象一直維持到兩年前，我們差不多同時懷孕，我才驚覺，原來你長這麼大了！

這位童顏表妹在這十數年間，練成了非凡的廚藝，無論家常小炒還是西餐、燉湯，就連寶寶膳食都做得相當精美。同樣身為媽媽的我，有時真的不知道她哪裏來的時間，每天買餸、備料、做飯，然後還詳細記錄並分享清晰易明的食譜，這當中除了天賦和熱誠，還需要大量的努力和不怕繁瑣的精神，大概當一個人真心喜歡一件事，就有這種排除萬難的力量去完成。

平日在 Beti 的 social media 看到喜歡的菜式，我都會 cap screen 備用，那些 cap screen 多得列印出來也該有字典那麼厚了，所以真的樂見今日她能夠把這些成果集結成書，讓我可以拿着一本有溫度、有質感的書，欣賞美食。

雨僑 Ava Liu

推 薦 序 3

It's no secret that I love food. You can see it all over my social media, I've talked about it on TV — let's just say that the saying "Live to Eat" has never held a stronger truth on me.

But that doesn't mean I "like" to eat everything. In fact, I think I am quite particular to what food and dishes I enjoy, but one style of food that I can never say no to is Comfort Food. And that's how I began to notice Beti's Instagram profile. When I first landed on her page, I remember spending hours scrolling through all of her recipes and saving (probably) a little to many for myself in hopes of replicating her culinary style later. One of my favorite recipes has to be the fish maw in clay pot rice! Who would've thought of reinventing a traditional Hong Kong specialty with the addition of a delicate and luxurious ingredient — the results were simply incredible and like I said before, extremely comforting! And the best part of all of Beti's dishes is how easy they are to replicate. My husband had no idea I could cook the way I did after following her straight forward and easy to understand recipes. I can't wait to see what more her book will offer for all her foodie fans like me!

陳凱琳 Grace Chan

推 薦 序 4

I should be the one who witnessed my wife's dedication in preparing this cookbook, as a newbie as a writer, from scratch to product delivery, she has spent many nights in preparing all those recipes. One day I asked her, why do you spent so many times in these? She answered me "I would like to share the little thing that I know to people who really appreciate cooking and I wished more people can benefit from it and as result a higher satisfaction in life. In return, throughout the interaction with many of you in IG, it gave me a unique satisfaction."

I am very proud of my wife and I hope Beti's kitchen can outreach more people in future.

Den Yip

網友分享

Kasin · just now

原本由完全唔識煮嘢食，到而家可以做個小廚娘，Beti 啲食譜功不可沒，食譜清楚，唔難又靚，真係好鍾意！隔住相都覺得肚餓！

REPLY

Tiffany · just now

覺得 Beti 的食譜好多元化，有簡單煮亦有複雜如燜鮑魚食譜，都會有詳盡步驟解釋！亦有自己特色，特別是日本菜！好鍾意你會用餐廳食過嘅嘢，再鑽研食譜出嚟，就好似海膽三文魚子炊飯和牛油蒜香本地魷魚仔。希望你可以繼續出多啲食譜，我會繼續默默支持你！

REPLY

Janicoco · just now

同樣作為料理愛好者，很高興在這熱愛烹飪的興趣群裏認識 Beti。Beti 很有廚藝天份，總會創作很多令人眼前一亮的料理，而且食譜簡單易明，美味可口。只要隨手揭開任何一個食譜，相信讀者都能靈感滿滿，輕鬆炮製一桌豐盛的晚餐。

REPLY

Kasin

Coji

Tiffany

Janicoco

Sasha

Linda

Candy
無水蒸蔥油雞
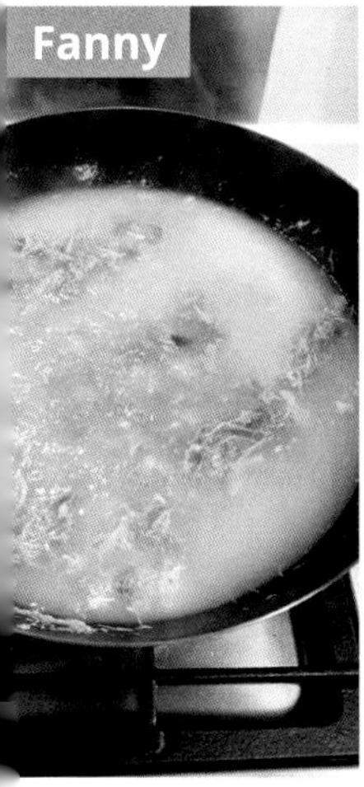
Fanny

Celia

Duck Duck

Linda · just now

真心欣賞你的食譜分享，睇到圖片已令人眼前一亮，賞心悅目。跟着你簡易清晰的步驟，還有窩心小貼士烹調，果然可做到出得廳堂的美味佳餚。謝謝你呀！

REPLY

Candy · just now

恭喜你出書呀！由做女時開始 follow 你，到而家結咗婚，每晚煮飯畀老公食，全靠你無私分享咁多又靚又好味嘅菜式，我先成功綁住老公個胃！我跟過你食譜煮番茄豬扒飯、花蛤蒸蛋、無水煮葱油雞、紅棗糕，全部都無得頂！

REPLY

Fanny · just now

跟隨 Beti 的食譜大概兩年，以中式料理為主。喜歡食譜用材簡單，製作方法易明，成功率高。最喜歡雞湯當中的秘訣，把雞湯熬成奶白色而且味道濃郁，亦非常適合小朋友煮麵，營養豐富。

REPLY

Coji · just now

作為從來無下廚的我來說，Beti 簡直是新手的救星～試整了這個花蛤粉絲煲，煮法簡單易明，非常惹味，連屋企人都大讚！

REPLY

Sasha · just now

I tried your recipes for 明太子忌廉意粉 and 韓式麻藥溏心蛋 . I'm a newly wed who aspires to be a better cook for my husband, and your recipes have come at the perfect time, as they bring creativity, fun and great tastes to my kitchen!

REPLY

Celia · just now

Congratulations on the upcoming publication of your book of cooking! Thank you so much for all your recipes. It's not only encouraging you but also me & the others! Just keep shining like you always do!

REPLY

Duck Duck · just now

Cooking used to be a chore for me, buying the same food and cooking the same dish each week. But since I have come across Beti's IG last year, oh my! I'm more motivated to cook, thanks to her mouth watering food photos and easy to follow recipes. But most of all, her recipes allow me to recreate the flavour I miss...home! Thank you Beti :)

REPLY

序

大家好！這是我的第一本書！很感謝在這個網絡資訊發達，還會閱讀實體書的你。我常常提到自己並不是職業廚師，但勝在喜歡做有關飲食的研究，打造適合家中烹調的簡易食譜。我除了愛煮亦愛吃，喜歡到不同餐廳覓食，多年來找出不同的自家煮食秘方和技術，將餐廳菜式搬到家中。

我的烹飪之路要從何時說起呢？小時候最愛上的是烹飪堂，但可惜當時的廚房好像是禁地，每次踏入半步都給媽媽趕出來，所以並未能做個小廚師。真正開始烹調是在大學的時候，遇到現時的老公，常聽說要留住一個男人的心，就要留住他的胃（笑），加上他是一個十分嘴刁的人，引導我不斷鑽研煮食技術，開始了我的烹飪之路！在我心目中，煮食最滿足並不是自己覺得好吃，而是看到家人朋友都十分欣賞。

多年來曾在不同的國家如泰國、越南和法國學習短期烹飪課程，週末不時在家宴客，每星期最少有數天在家自煮。2018 年忽發奇想，開始在 Instagram 分享自己的食譜和煮食經驗，亦開始設立個人網站，希望留個記錄，與大家分享之餘也推動自己要為家人煮更多好餸。很高興經過三年多後，我的食譜瀏覽人次已超過 2,000 萬，IG 接近 10 萬多個 followers，並成功出版我的第一本食譜書，和大家分享更多生活所見和烹飪日常。在這裏我很想感謝每一位的支持，每次看見你們烹調食譜後給我的留言和鼓勵，都給了我很大的推動力繼續撰寫食譜！

雖然身兼多職，但看到老公和小兒子每晚吃得津津有味，抱着肚皮入睡，大家亦喜歡和欣賞我分享的食譜，忙一點都是值得的。近年經歷新冠肺炎疫情，不少日子都為了抗疫而留在家中，多少個不能外出用餐的夜晚，令到留在家中吃飯成了一個新習慣。基本上我現在也習慣了多留在家中，不但可陪伴家人和貓貓們，亦覺得在家自煮比較健康。其實，優質的食材也要配上好食譜，才能把滋味帶回家。我的每個食譜都經過多次嘗試和調校，確保成功和味道最合心意，才跟大家分享。

希望這本書能帶給你們簡單且好味的菜式，人人都可以在家中煮出不一樣的星級菜。我相信自家煮的菜式，除了味道本身，亦包含大量的心機和愛意，對家人來説永遠都是最好吃的星級菜。

希望我的食譜分享可以給大家培養煮飯的習慣，在家裏吃得更健康之餘，亦能簡易地煮出美味的菜式。沒有人天生是廚師，只要多加嘗試和訓練，人人都可以是自己家裏的五星級大廚！

With love,

Beti

Jul 2022

目錄

Chapter 3

吸睛佳餚

Chapter 4

餐廳星級菜

你問我答 烹飪小知識

這部分集合了不少朋友在社交媒體上曾經詢問我的入廚問題，結集成一個小知識環節給大家參考，希望對大家的廚藝有所裨益。

雞

Q 如何斬雞？

雞煮過後，需要稍微放涼才開始斬切，這樣雞皮會比較完整。最好使用厚砧板和鋒利的菜刀。新手可以先輕輕刴入一刀，然後再大力落刀，但要快、狠、準，以避免有碎骨。

| 步驟 |

1. 將雞尾、雞頸和雞頭斬掉。
2. 再在雞脊骨旁下刀，直落雞胸，把雞分開成兩邊。
3. 拿起帶脊骨的那邊雞，將脊骨切走。
4. 把雞翼斜切斬出，再將雞髀圈出，雞翼和雞髀斬件。
5. 剩下的兩邊雞胸肉斬開兩塊，並將底部的骨去掉，雞胸肉斬件。
6. 最後，如圖鋪排上碟。

Q 雞有很多不同產地，應用甚麼品種來烹調？

雖然新鮮雞最鮮甜，但我個人較少在街市選購新鮮雞，大多數在超級市場購買冰鮮雞。以下是我烹調時選用的雞隻品種：

1. 煲湯　：選擇肥膏少的竹絲雞或走地雞。
2. 蒸雞　：清遠雞或嘉美雞的雞味濃、肉嫩滑，十分適合清蒸。
3. 豉油雞：龍崗雞的皮下脂肪較豐富，肉質較嫩滑。
4. 焗雞　：三黃雞的油分重，容易焗出脆皮的效果。
5. 海南雞：首選肉質鮮美細嫩的文昌雞，皮薄、脂肪少，最適合做成白切雞。

Q 如何煮出滑雞？

滑雞一定不能用大火煮，必須用浸煮的方法，在雞頸剪開一個洞，有助熱水流通，更易煮熟。全隻雞先用小火煮 6 分鐘，熄火後，不開蓋浸 40 分鐘，建議使用保溫度高的鍋具。

Q 如何去掉雪藏雞翼的雪味？

首先一定要在可靠的店舖購買有質素的雞翼，保證不會雪了太久，而雞翼的運輸和存貨亦妥當。最佳解凍方法是將雞翼從冰格放入雪櫃待一天，讓其自然解凍。解凍後用清水沖洗，用粗鹽醃 15 分鐘，再用清水沖走，之後開始醃雞翼的步驟，雞翼醃後放入雪櫃，建議至少醃 1 小時，醃過夜會更入味，保證不會留有雪味。

Q 如何煎雞翼？

煎雞翼一定要用中小火，但很多時表面煎燶而肉未熟。我會先煎至兩面金黃，再加少許水，加蓋煮至水收乾，令雞翼中心受熱均勻，然後再轉中火把雞翼兩面繼續煎至金黃，這個方法大約需時 6-8 分鐘即可。

Q 如何避免煎雞翼時滲出血水？

建議用正確的方法解凍雞翼，從冰格放入雪櫃待一晚，沖洗雞翼時輕輕按摩，把多餘的血水洗走。

Q 如何烤焗脆皮雞？

焗爐先調至較低溫度約 160℃ 將雞焗熟，在最後 10 分鐘調高至 200℃ 焗 10 分鐘，雞皮就會十分鬆脆。

Q 雞蛋不同的烹煮時間？

當水煮到大滾後放入雞蛋，開始計時，水的分量要足夠蓋過整顆雞蛋，建議先把雞蛋放在室溫，防止放入滾水時爆裂。

5 分鐘：比較水狀，部分蛋白未能煮熟。
6 分鐘：最完美的流心狀。
7 分鐘：流心和溏心狀之間。
8 分鐘：蛋黃已熟。
9 分鐘：蛋黃全熟。

牛肉

Q 如何醃製滑牛肉？

- 最重要是選購肉質好和部位對的牛肉，建議選擇牛柳、牛冧肉或牛脊肉。
- 切牛肉時要逆紋切，切斷肌理和纖維，煮出來會滑得多。
- 我建議醃肉時切忌用鹽，先加入生抽和糖，然後下生粉和水拌勻，令牛肉吸收水分，最後下油封鎖水分，放入雪櫃。

Q 牛腩如何輕易燜腍？

- 牛腩建議選擇牛坑腩，油脂分佈均匀，口感十分鬆軟。
- 牛腩必須先出水，再放入凍水煲滾約5分鐘，可將不潔的血水迫出來。
- 燜牛腩期間切勿加入凍水，很容易黏底焦燶；若真的要加水，必須加入熱水。
- 水的分量要蓋過所有牛腩，可以把其他食材放在表面。
- 用小火煮45分鐘再焗30分鐘，重複這個步驟至牛腩軟腍。使用保溫度高的鑄鐵鍋或真空煲更容易辦到。

Q 如何煎厚身牛扒？

牛扒先放室溫30分鐘，用海鹽和黑椒碎輕醃。

以兩吋半厚的牛扒和熟度 medium 為例子，我會先在平底鑊加少許油，用大火煎四面約30秒，再放入焗爐以200℃焗8分鐘，取出用大火將四面再煎30秒。煎牛扒期間可加入蒜頭、牛油和百里香，並不斷在牛扒表面倒上以上的香蒜牛油。

煎好的牛扒需待5分鐘才切，這個過程有助鎖住肉汁。

Q 如用作打邊爐，哪些牛肉較好？

除了手切肥牛外，我特別喜歡到牛肉店購買特別的部位，例如最矜貴的是封門柳，但若買不到我也會選牛頸脊和吊龍伴，全都是超好食的部位，肉味濃，而且油花恰到好處。

想吃得更講究的話，可選擇騸牯牛，這是已閹割的牛隻，因為運動量不多，肉質肥美油花多，但由於供應量不多，價錢亦對較貴。

Q 煎牛扒最喜歡選用哪個部位？

個人最喜歡肉眼（Rib-eye），因為油脂豐富、肉質較鬆軟。

其次是牛柳（Tenderloin），牛柳的好處是脂肪比較少，而且肉質嫩滑，入口溶化。

西冷（Sirloin）我會選擇質素高一點的牛肉，這個部位的脂肪含量較少，肉味濃，肉質較有彈性，所以多數五成熟或以下較好吃。

T-bone 多數是厚切，較難控制生熟度，新手煎牛扒就不建議選這個部位了。

豬肉

Q 如何煎出又多汁又鬆軟的豬扒？

除要選擇有質素的豬扒，建議選擇梅頭的部位，因為帶有脂肪，比肉眼更鬆軟。

豬扒本身不宜切得太薄，否則很易煎至乾身。

可以先用鬆肉鎚將豬扒兩面拍鬆，再放入鹽水浸 15 分鐘，令豬扒更加鬆軟。

醃豬扒時，可以加入少量梳打粉，最後加入生油封鎖表面肉汁，放入雪櫃。

烹調時先下適量的油煎香豬扒，初時用小火將豬扒中心煎熟，然後才轉大火煎香兩面。

Q 如何去掉豬肉的腥味？

新鮮和優質的豬肉大多數不帶腥味，也可先將豬肉放在鹽水浸 15 分鐘，然後醃味至少 1 小時以上。烹煮期間灒入酒，有助去除肉類的腥味。

Q 煲湯用哪個部位的肉類？

豬腱煲湯後非常軟腍，而且帶有豬筋，可為湯水增加骨膠原營養。如果想少油脂、肉味重，可以用肉眼或瘦肉煲湯，也可使用豬骨煲湯，內含豐富鈣質和蛋白質，但就沒有太多肉可吃，要視乎個人喜好了！

Q 「出水」、「飛水」是甚麼意思？

煲湯前必須把肉類出水或飛水，否則湯水會變得混濁。我個人會將肉類加入凍水一起煮滾，繼續煮約 5 分鐘，肉類的血水和其他污穢物會被迫出，用水略沖後可用於煲湯。

魚類及海鮮

Q 蜆類如何吐淨沙粒？

蜆類買回家後，必須即日烹調，如是早上帶回家，建議整袋放入雪櫃，不要清洗，因為表面的海水有助維持新鮮度。待晚上烹調前 1 小時拿出來放室溫，用鹽水浸泡吐沙，因放在室溫和淡水太久，蜆很易變壞。水中加入適量鹽和一隻紅辣椒，有助刺激吐沙，大約浸 1 小時再洗淨即可。

Q 如何清蒸魚？

若是新鮮的魚，清蒸時不用放入薑，只需要將幾棵葱鋪於碟底，主要幫助蒸氣可以流通至底部。

一斤左右的魚，以大火蒸 7-8 分鐘，取出後倒走碟內多餘水分，放上葱花並淋上滾油，最後倒入蒸魚豉油即可。兩斤以上的魚可在魚鰭兩邊位置切一刀，更容易蒸熟。

Q 如何處理新鮮蟹？

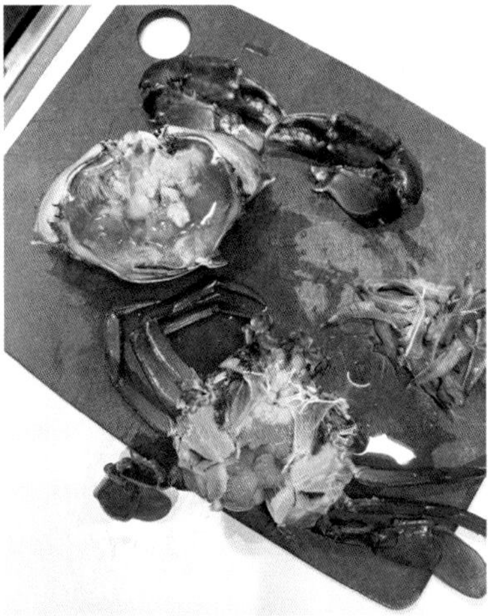

如害怕劏生蟹的話，可先把蟹放入雪櫃弄暈才動手。首先在蟹肚位斬一刀，蟹會死掉，用牙刷略擦蟹的全身，剪掉蟹腹蓋。拉開蟹蓋，去掉蟹蓋上的嘴部和腸臟。蟹身去除蟹心，切半，清掉蟹鰓，再按烹調需要切成不同的大小。

Q 為何有些蝦藏有蝦腸，有些則沒有？

蝦腸裏的都是蝦的排泄物，很多時候新鮮蝦在運輸途中已把排泄物排清，所以購買時較沒有黑色蝦腸；但冰鮮蝦在海中捕獲後立即急凍，並沒時間排走排泄物，所以大多數都帶有黑色蝦腸。無論如何，每次煮蝦時應檢查清楚，挑走蝦腸就吃得更安心。

Q 如何處理新鮮鮑魚？

用牙刷輕輕擦淨鮑魚的邊位，放入熱水煮30秒，沖凍水，取出鮑魚肉，去掉膽、腸和嘴部。有些人喜歡先把鮑魚略煮才清潔，原理是怕太大力擦洗鮑魚，會令肉質不夠爽口。我個人喜歡先清洗，略煮後才再擦邊位，因為煮過的鮑魚較脆弱，太大力擦很容易破爛。

Q 如何防止蝦頭變黑？

蝦隻離水死掉後，體內的多酚氧化酵素會催化酪胺酸代謝產生黑色素，令蝦頭、尾部及蝦腳出現黑點，這是自然現象，並不代表不新鮮，仍可食用。

新鮮蝦買回家後建議即日食用，如兩日內食用可以浸泡凍水並放進雪櫃，否則也可用水浸泡蝦，放入冰格急凍冷藏。

Q 如何製作木魚高湯？

鰹魚經過一段繁複的烘烤製作過程後，會變成柴魚花或木魚片，所以被稱為鰹魚、木魚或柴魚高湯。只要把木魚碎放在水裏煮約5分鐘，可煮成木魚高湯。如想有更多的味道層次，可把一塊昆布先浸在水半小時，才開始煮木魚碎。此外，坊間有不少方便包如木魚湯底粉、木魚湯包和木魚高湯濃縮液，大多數可以在日式超市購買到。

Q 如何煲出奶白色的魚湯？

奶白色魚湯主要是靠魚的脂肪微粒和可溶性蛋白質，在不斷高溫烹煮下所產生的乳化作用，必須把魚煎至兩面金黃，帶出脂肪，然後倒入滾水。煲魚湯期間不可用太小火，必須使用中火，可確保煮出奶白色魚湯。

魚類方面，如石狗公、紅衫魚、狗棍、青根、梳羅和鳳尾魚等煲成魚湯都很美味。煲奶白色魚湯不要使用魚袋，否則魚味會較淡，建議煲好後用幼細的密篩隔走魚骨。

如何計劃一週餐單

我是一個很喜歡做預備的人，認為好好計劃是煮好一頓飯的重要因素！這一兩年因為疫情關係，在家進餐的日子大大增加，已經漸漸習慣每星期煮五天的晚餐。這裏分享一下我如何在繁忙的生活裏，有效率地計劃一星期的煮食。

1 一週前預備下週餐單

我是在星期六晚想好下一週的晚餐餐單，可以設定兩至三天為休息日，外出進食或外賣讓自己休息一下。我會先寫好每晚計劃做那些菜式，盡量跟着計劃進行。

2 收藏及發掘不同的食譜

建議大家收藏不同的食譜，不論是書本或是網絡媒體形式，這樣可更快捷地找到靈感，然後計劃一週餐單。

3 選擇購物日，寫下需要購買的食材

想好餐單後，可以記下那天選購食材，然後把需要購買的食材記錄下來，建議可以一次購買約三天的食材，可更節省時間。在我而言，一星期會計劃兩天到街市，我比較喜歡逛街市以購買新鮮材料。

4 運用食材主題安排晚餐

很多時候，我會利用不同的食材主題來安排一星期的晚餐，例如星期一到街市購物，會編排烹調新鮮魚或海鮮，其他日子分別安排雞、牛或豬等不同主題，以確保營養均衡。

5 好好運用冰格

當工作比較忙碌時，我會一次過購買多天的材料，有需要時我會把新鮮的材料放入冰格冷藏儲存，也是一個好選擇。

6 每晚的餐單包含一款蔬菜

蔬菜既健康又方便，我每晚會煮一至兩個主菜，再加些簡單的蔬菜，以水煮或蒜蓉炒蔬菜，務求簡簡單單地做到一頓健康的菜式。

7 一鍋到底食譜

很多時候，我不喜歡一天吃太多外食，但有時很累不想煮太多，這時我會構思一鍋到底的菜式，如大蝦菠菜忌廉意粉或葡汁雞皇飯等，步驟簡單，免卻很多不必要的過程。

8 善用焗爐菜式

用焗爐烹調的菜式，大多數是前一天醃製妥當，第二晚直接放進焗爐即可食用，做法比較方便簡單，如焗雞翼或焗豬頸肉等，絕對是忙碌或想躲懶時的好選擇。

9 安排製作躲懶型菜式

有時不想煮但又想窩在家中，我會選擇簡單地烹調冰鮮餃子、現成急凍食材或把雪櫃剩餘的食材煮個麵，好讓自己好好休息。

10 家人的意見

最後，當然需要諮詢家人晚餐的意見，這樣不單可以更輕易地取得靈感，更是一個強大的推動力努力地去煮。當我想到老公和兒子很期待每天的晚餐，每晚可以品嘗到原味的自家餸，是我不辭勞苦買餸煮飯背後的原動力。

我的 LE CREUSET 收藏

有看我 Instagram 的朋友，都留意我每次煮食和擺碟，大部分時候都是用 Le Creuset 這個品牌！這裏想分享一下我對 Le Creuset 的熱愛和我的小收藏。

第一次接觸 Le Creuset 是 2014 年的時候，那時覺得這個牌子的廚具十分漂亮，特別吸引及喜歡粉色系的我！那時還是男朋友的老公，就在情人節送了一套鍋具給我，當年的感覺比收到名牌包包更開心。這個鍋絕對是我的珍藏，它是一個 18cm 的圓鍋，直至八年後的今天，我還繼續使用它！隨後，我開始慢慢地探索其他不同尺寸和種類的鍋具，再配搭不同顏色的碗碟，日積月累，添加了不少收藏品。

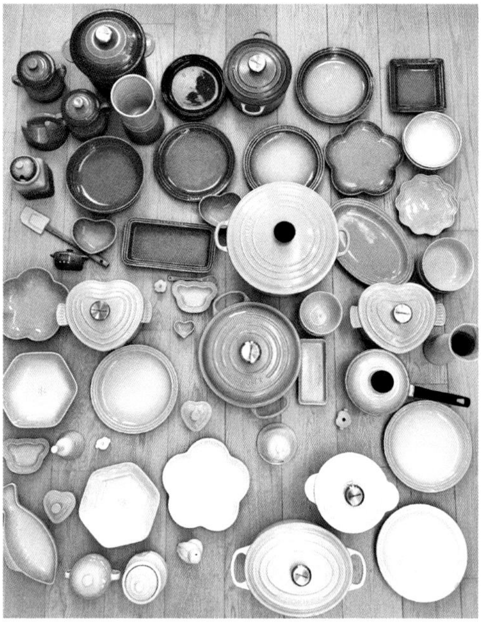

我的至愛推介

Le Creuset 琺瑯鑄鐵鍋傳熱均勻，重身的鍋身能鎖住熱力。由於特強的傳熱功效，熄火後以餘溫燜煮食物，節省燃料環保之餘，亦不用「睇火」，可以處理其他家務或休息。分量十足的鑄鐵鍋也可以鎖緊水分，保持食物的原汁原味，不用添加太多額外調味料，吃得更健康。

在眾多 Le Creuset 產品中，以下是我經常使用和推介的：

1 琺瑯鑄鐵圓鍋（Round Casserole）

圓形琺瑯鑄鐵鍋（Round Casserole）是 Le Creuset 最經典、也是我收藏最多的型號。可一鍋多用，如燜、燉、煮，也可烹調煲仔飯等。

2 26cm 淺底琺瑯鑄鐵鍋（Buffet）

淺底琺瑯鑄鐵鍋（Buffet）是我常用的鍋子，深度是正常圓鍋的 1/3，最大用處是「無水蒸」。無水蒸的原理是利用鑄鐵鍋的超強鎖水特質，材料加熱後，水分被蒸發並鎖在鍋內，熱力和蒸氣令食物熟透，味道不會被倒流的蒸氣水分沖淡，煮出來的效果比隔水蒸更入味 。

3 24cm 琺瑯鑄鐵深炒鍋

琺瑯鑄鐵深炒鍋（又稱媽咪鍋），黑色內鍋黑琺瑯的粗糙表面，可承受較高熱力，適合炮製較高溫的菜式，加上圓弧的鍋身設計，尤如中式鑊形，適合煎炒或爆炒的鑊氣小菜。

4 22cm 高身琺瑯鑄鐵鍋（Cocotte）

具有圓弧形鍋底和深度的鍋身設計，有效形成熱力循環對流，食材均勻受熱，烹調米飯特別出色，十分適合製作日式釜飯。

5 7.6L 琺瑯鋼湯鍋

琺瑯鋼結合了優質的琺瑯塗層和高性能的鋼質，琺瑯鋼湯鍋 7.6L 深度足夠、容量大，用來烹調蔬菜湯，蔬菜能夠極速煮腍，湯頭仍能保持清澈鮮甜，而且最重要非常輕巧，易於清洗，十分適合煲湯或煲糖水。

6 26cm 堅韌易潔平底煎鑊

堅韌易潔鍋加強版有三層塗層，堅韌之餘也不易黏鍋！鍋具較耐磨和耐用，而不易脱落的塗層，令煮食時更安全、更健康。鍋具的六層結構堅硬、耐用及不易變形，而且也不會太重，適合每日使用。我經常使用平底鑊，所以非常需要一隻高質素的易潔鑊，節省因塗層脱落而經常更換的開支！

Le Creuset 常見問題 Q & A

Q 為甚麼 Le Creuset 鍋具重量十足？

Le Creuset 琺瑯鑄鐵鍋具由優良的琺瑯鑄鐵物料製成，因為鍋具的厚實重量，能緊鎖熱力，在短時間內煮熟食物。

Q 應選用淺色琺瑯還是黑琺瑯鑄鐵鍋？

黑琺瑯適合炮製高溫菜式，尤其是煎炒、爆炒等鑊氣小菜或燒烤食物。內裏白層的鑄鐵鍋傳熱均勻兼鎖水，可保持食物原汁原味，毋須添加太多額外調味料，吃得更健康，適合無水蒸或燜煮時用，符合一家大小的需要。

Q 黑琺瑯鑄鐵鍋需要養鍋嗎？如何做？

養鍋是指將油脂以烘焙方法烤入生鐵器的毛細孔中，以防止鐵器生鏽，並提供最自然、不沾黏的表面。黑琺瑯鑄鐵鍋毋須特別養鍋，常常使用鑄鐵鍋就是一個養鍋最好的方式，有食物及油脂烹調加熱就自然形成養鍋狀態。

Q 如何保養鍋子？

鍋子加熱前先加油（冷鍋冷油），不要空鍋乾燒，以免導致琺瑯傷害而破裂。煮食時建議使用中火至小火煮食，而鍋底大小應與爐面加熱區的大小相配，以提高最大的加熱效率，防止鍋身過熱或手柄損壞。
此外，我建議使用耐熱矽膠鏟或木製鍋鏟，也可以使用耐熱塑膠用具。

Q 日常使用鍋子後，如何清潔？

在清洗任何熱鍋之前，先待冷卻下來，不要直接將熱鍋放入冷水中。如有食物殘留，可以在清潔前注入溫水待 15-20 分鐘，再用刷子去除細小的食物污漬。為避免損壞琺瑯層，切勿使用鋼絲刷或硬磨砂刷清潔鍋具。建議使用尼龍、軟磨砂墊或刷子清除頑固的殘留物。

Q 如燒焦鍋具底部，應如何處理及清潔？

方法一：在鍋內加入梳打粉（3-4 茶匙）和水（約鍋具 1/3），以中小火燒滾，再轉小火煮約 10 分鐘，過程期間可用矽膠鏟輕輕擦走污漬，熄火，讓溶液浸泡片刻，待冷卻後再清洗。

方法二：Le Creuset 鍋具清潔劑搖勻後，在鍋具表面倒入適量清潔劑，讓清潔劑停留在污漬表面，加蓋待一會，再以海綿或舊百潔布加入少量水打圈清洗。

Q 如何防止煎煮時食物黏底？

當火力過大時，可能會出現食材烤焦的情況。一般烤焦主要有以下幾個原因：鍋具並未充分加熱；鍋具過度加熱；食材過冷或過濕。
要有足夠的油分及充分預熱鍋子，才放入食材煮食。若是煎肉類，先煎好一面後再翻轉另一面，不要把未煎好的那面強行翻邊，大大影響效果。

Q 選擇甚麼尺寸的鍋具最適合？

視乎烹調的菜式類別及家庭人數，如 2-3 人的家庭，推薦用 18-20cm 鍋具；4-5 人可使用 22-24cm 鍋具。若是煲湯為主，則可考慮較大尺寸的鍋子。

Chapter

1

Fail-proof Series

零失敗系列

照燒三文魚

三文魚的營養十分豐富，擁有Omega 3含有豐富的優質蛋白質，是我十分喜愛的一款魚類。這個食譜簡單地把三文魚香煎，再加入秘製照燒汁，甜甜鹹鹹的味道容易入口！這個餸菜無論大人或小朋友都一定喜歡，配上白飯和蔬菜，就是簡單的一餐了！

Fried Salmon with Teriyaki Sauce

材料

- 三文魚 2 塊

醃料

- 胡椒粉適量
- 海鹽適量

照燒汁

- 日式醬油 2 湯匙
- 味醂 1 湯匙
- 清酒 1 湯匙
- 糖 2 茶匙
- 蒜蓉 1 茶匙
- 薑蓉 1 茶匙

做法

1. 三文魚解凍，洗淨，加入少許胡椒粉和海鹽醃 15 分鐘。
2. 照燒汁材料攪勻。
3. 中火下油，放入三文魚塊，先煎有皮一面，至呈金黃色及微焦，反轉另一面再煎至熟。
4. 鍋內倒入照燒汁，用小火煮至略稠，即可上碟享用。

小竅門

建議選用冰鮮連皮無骨的三文魚條，方便進食，將魚皮煎脆口感更佳。

Beti's Tips

滑蛋蝦仁

這個超級簡易的菜式經常在我工作比較忙碌的晚上出現在餐桌。第一次吃這個菜式是小時候媽媽煮的，之後我不斷研究如何煮出餐廳的滑蛋。結果，每次煮這道菜都十分成功，獲得家人大讚！雞蛋我選用日本可生食的，因這個炒蛋半生熟狀態是最好吃的。

材料

- 中蝦仁 150 克
- 雞蛋 4 個
- 牛奶 50 毫升
- 葱粒少許
- 鹽 1/2 茶匙

醃料

- 鹽 1/2 茶匙
- 麻油 1 茶匙
- 糖 1/2 茶匙
- 胡椒粉少許
- 花雕酒 1 茶匙

做法

1. 蝦仁洗淨，加入醃料醃 15 分鐘。
2. 熱鑊下油，用中火炒蝦仁至稍微金黃色，盛起。
3. 雞蛋、牛奶和鹽攪拌均勻，再加入已炒香的蝦仁。
4. 鑊內加入油 2 湯匙，調至大火，油熱後倒進蛋汁和蝦仁，立即關火，利用餘溫繼續炒。
5. 見底部蛋汁開始凝固，快速地用鑊鏟將蛋由底翻上面，重複數次後立即上碟，以免在鑊內令滑蛋太熟，灑上葱粒即成。

小竅門

Beti's Tips

如何炒出滑蛋？

- 炒蛋前油的熱力要足夠，雞蛋才不黏鍋。
- 若油足夠的話，雞蛋才能保持嫩滑。
- 當底部蛋汁開始凝固，就要快速地用鑊鏟由底翻到面。
- 最重要是眼明手快，當雞蛋未完全凝固時就熄火，再用餘溫把蛋炒至半生熟。

酒醉三寶

酒醉系列經常在我家宴客時出現的菜式，主要原因是可提早預備，充當冷盤食用，而且味道鮮甜，每次都十分受歡迎！

不同年份的花雕酒可以帶出不同的酒味，但如沒甚麼講究，用普通煮食用的花雕酒即可。將食材放入雪櫃可儲存三天，閒時拿出來當小食也很不錯。糟滷在街市雜貨店或大型超市有售。

材料

- 新鮮花螺 1 斤
- 海蝦 1 斤
- 雞蛋 6 個（室溫）

酒醉汁材料

* 以下分量用於浸泡一款食材，如浸泡三款材料即需要三份，放在不同容器內浸。

- 花雕 100 毫升
- 糟滷 250 毫升
- 水 50 毫升
- 魚露 1 茶匙
- 糖 3 湯匙
- 玫瑰露酒 1 湯匙
- 杞子少許

花螺處理方法

1. 新鮮花螺擦淨，放入滾水煮約 5 分鐘至熟。
2. 立即放入凍水令其降溫，保持肉質彈牙，把花螺靨移除。

海蝦處理方法

1. 海蝦洗淨後，挑出蝦腸，剪去蝦鬚、腳及刺。
2. 燒熱一鍋水，水滾後放入蝦，以大火煮約 1-2 分鐘或至蝦變色及全熟，盛起。

雞蛋處理方法

1. 燒熱一鍋水，水的分量剛好可蓋過所有雞蛋，水煮至大滾後，用湯勺輕輕地放入雞蛋，用大火煮 6 分鐘。
2. 此時準備一碗冰水，煮好蛋後立刻將蛋放在冰水快速冷卻。
3. 待完全冷卻後，用匙羹把蛋殼四邊輕輕敲碎，開始剝出蛋殼。

酒醉汁做法

將材料放入鍋內，調至小火煮至微滾，熄火（主要令糖溶化），待涼，加入食材和杞子，酒醉汁必須浸過食材表面，放入雪櫃冷藏一晚即可食用。

小竅門

Beti's Tips

- 建議使用可安全生食用的雞蛋；花螺的肉質比東風螺更爽口入味；大蝦建議使用新鮮海蝦。
- 每款花雕酒和糟滷的味道未必相同，酒醉汁調好後，先試味才加入食材泡浸。

檸檬蜜糖香草焗雞翼

這是一個超簡單的食譜，也是我其中一個最受歡迎的餸菜，甜甜酸酸的雞翼，令人齒頰留香！

我的冰箱內長期必備急凍雞翼，有時想不到煮甚麼時就做這個菜。前一晚醃好雞翼，翌日放入焗爐焗至熟透，非常方便，適合雙職媽媽日常煮吃。

Baked Chicken Wings with Lemon and Honey

材料	醃料
□ 雞翼 10 隻	□ 蒜蓉 2 湯匙
□ 蜜糖 2 湯匙	□ 生抽 2 湯匙
□ 車厘茄 10 粒	□ 老抽 1 湯匙
□ 香草 1 湯匙	□ 蜜糖 2 湯匙
□ 檸檬 1 個（半個切片，半個榨汁）	□ 鹽 1 茶匙
□ 番茜碎適量（隨自己喜好加入）	□ 黑椒碎 1/2 茶匙
	□ 油 1 湯匙
	□ 糖 1 茶匙
	□ 檸檬汁 1 湯匙

做法

1. 雞翼解凍後洗淨，瀝乾水分，加入醃料醃最少 2 小時，醃一夜更佳。
2. 預熱焗爐至 170℃，焗盤內放入雞翼、車厘茄和檸檬片，最後灑上香草。
3. 放入焗爐中層位置，用 170℃焗 10 分鐘，反轉雞翼繼續用 170℃焗 10 分鐘，塗上蜜糖，最後調至 220℃焗 5 分鐘，灑上番茜碎及檸檬汁即成。

小竅門

只需將雞翼排在焗盤內，毋須倒入醃料，否則未能將雞翼焗至乾身和雞皮鬆脆。

Beti's Tips

越式香茅椰青水煮大蜆

這是越南一帶的人氣菜式！有一次到峴港旅行，在路旁的餐館吃過這道菜式後，一試難忘，鼓起勇氣詢問大廚的做法。

這個菜式十分簡單，主要是簡單的香料及大蜆的鮮味，再加入椰子水特別的味道。每次煮這個菜，湯底都被家人喝得一滴不留！

材料

- 大蜆或花蛤 1 斤
- 椰青 1 個
  或椰子水 350 毫升
- 水 50 毫升
- 香茅 2 支
- 檸檬葉 4 片
- 指天椒 1 隻
- 草菇或菇類 8 顆
- 青檸 1 個
- 芫茜 1 紮

調味料

- 魚露 1 茶匙
- 黑椒碎少許

做法

1. 大蜆放在室溫，浸泡於鹽水 1 小時吐淨沙粒。
2. 草菇切半；香茅莖部用刀輕拍、切段；檸檬葉撕開一半；指天椒切粒；青檸切片。
3. 椰青破開後，椰子水留起，取出椰子肉切條。
4. 鍋內倒入椰青水、水、香茅、檸檬葉、指天椒、草菇、魚露及椰子肉，以中火煮滾後，繼續再煮 3 分鐘。
5. 倒入大蜆，以大火煮約 6 分鐘待蜆殼張開口，加入黑椒碎、青檸片和芫茜即成。

小竅門

Beti's Tips

- 除大蜆之外，也可選用不同的貝殼或海鮮如花蛤、青口或鮮蝦等，同樣美味。
- 可以用現成的椰子水代替新鮮椰青水，當然新鮮椰青水比較鮮甜。

Stir-fried Diced Beef with Potato and Cumin Powder

孜然薯仔黃金蒜片牛肉粒

這道菜式加入薯仔和孜然粉，還有鬆化的牛肉粒，非常好吃！

牛肉容易熟透，先用大火煎至七成熟即可，一面煎好才反轉煎另一面，切忌多手翻來覆去，令牛肉容易釋出水分。

材料

- 牛肉粒 300 克
- 薯仔 1 個
- 蒜頭 8 瓣
- 黑椒碎適量

醃料

- 生抽 1 湯匙
- 黑椒碎 1 茶匙
- 糖 1 茶匙
- 生粉 1 茶匙
- 生油 1 茶匙

調味料

- 孜然粉 1 湯匙
- 辣椒粉 1 茶匙
- 白芝麻 1 湯匙
- 糖 1 茶匙
- 生抽 1 湯匙

做法

1. 牛肉粒解凍後，加入醃料醃 10 分鐘。
2. 蒜頭切片，放入滾水煮 60 秒，隔去水分，放入熱油用小火炸 5-10 分鐘至金黃色，備用。
3. 薯仔切粒，熱鑊下油，用小火煎至金黃色，盛起備用。
4. 大火下油，下牛肉粒每面煎約 30 秒，加入蒜片和薯仔炒至八成熟，最後加入調味料略炒勻即成。

小竅門

Beti's Tips

炸金黃蒜片的秘訣

- 將蒜片放入滾水煮 60 秒，吸乾水分後再下油鑊炸，能避免蒜片焦燶。
- 炸蒜片時需要使用慢火和耐性。
- 當蒜片炸至微金黃色時即盛起，餘溫會令蒜片變得更深色。
- 炸蒜片的油可留起做成蒜油，烹調其他菜式。

大蜆釀蝦滑

有一次在外地的餐館品嘗過這道菜式，新鮮的大蜆，加入鮮嫩的蝦膠，絕對是鮮上加鮮！

超級簡單的一道家常菜，低油、低脂，非常健康。煮好的蜆由於被蝦膠包裹起來，即使再蒸也不會過熟。

Stuffed Clams with Shrimp Paste

材料

- 大蜆 1 斤
- 蝦膠 150 克
- 冬菇 2 朵
- 紅蘿蔔 1/4 條
- 葱絲適量
- 滾油 2 湯匙
- 生抽 2 湯匙

調味料

- 麻油 1 茶匙
- 糖 1 茶匙

做法

1 大蜆浸泡於鹽水吐沙 1 小時，洗淨。燒滾水，放入大蜆煮至張開口，立即取出備用。
2 冬菇浸軟、切碎；紅蘿蔔去皮，切碎。
3 蝦膠加入調味料、冬菇碎和紅蘿蔔碎攪拌均勻。
4 將蝦膠釀入大蜆內，平放在碟上，以大火蒸 8-10 分鐘，灑上葱絲，淋上滾油和生抽即成。

小竅門 Beti's Tips

可以購買現成的新鮮蝦膠滑，要留意有沒有已調味，如沒有可加入少許鹽和胡椒粉調味。如想吃自家的蝦膠，也可用冰鮮蝦仁親手炮製及調味。

泰式烤豬頸肉

這是每次到泰國曼谷旅行必吃的街頭小食！豬頸肉那種爽口彈牙的感覺，加上焦香味，實在令人難以抗拒。

在家製作其實一點也不難，重點在於把豬頸肉醃得入味，再放入焗爐以高溫焗至脆身。除了日常開飯之外，這道菜式很適合宴客享用，配搭泰式酸辣汁，十分開胃惹味。

材料

- 豬頸肉 300 克

醃料

- 椰糖或黃糖 1 湯匙
- 生抽 1 湯匙
- 老抽半湯匙
- 胡椒粉少許
- 魚露 1 湯匙
- 油 1 湯匙
- 食用梳打粉 1/4 茶匙

泰式酸辣汁

- 青檸汁 3 湯匙
- 魚露 1 湯匙
- 椰糖或黃糖 1 湯匙
- 芫茜適量（切碎）
- 乾葱頭適量（切碎）
- 紅辣椒適量（切碎）

做法

1 鍋內加入醃料內的椰糖和少許清水，用小火邊煮邊拌至糖融化，盛起，再加入其他醃料混合。
2 豬頸肉用叉子在不同位置輕輕刺入，可確保豬頸肉在烤焗時不會捲起來。
3 豬頸肉加入醃料醃最少 1 小時或以上。
4 將泰式酸辣汁材料混合。
5 焗爐預熱 200℃，豬頸肉放在網架，輕輕掃上一層油，先焗 8 分鐘，再反轉另一面掃上油，繼續多焗 8 分鐘。
6 豬頸肉從焗爐取出，斜切成薄片，食用時蘸醬汁享用。

小竅門 Beti's Tips

* 如想味道多一個層次，可使用西班牙黑毛豬豬頸肉，肉質煙韌爽脆。
* 食用梳打粉可用蛋白取代，主要用途是令肉質更爽滑。
* 使用椰糖是最正宗的泰式做法，但如真的找不到，可用黃糖取代。
* 若家中沒有焗爐，將豬頸肉放在烤鑊內煎熟，效果相似。

花雕花蛤蒸水蛋

新鮮花蛤加入嫩滑的蒸蛋，再以少許花雕酒將味道層次提升！

蒸蛋的蛋汁和水分的比例是一比二。建議花蛤用水煮的方法先處理，當花蛤張開口時立即取出，如改用蒸的話，有機會令花蛤蒸得過熟，令肉質過韌。

材料

- 花蛤 10-12 隻
- 雞蛋 2 個
- 雞湯或煮花蛤水分量是雞蛋的 2 倍
- 花雕酒 1 茶匙
- 蒸魚豉油適量
- 滾油 2 湯匙
- 芫茜適量

做法

1. 花蛤放於室溫，用鹽水浸泡 1 小時吐淨沙粒。
2. 燒滾水，放入花蛤，待外殼打開即取出，盡量瀝乾水分。
3. 輕輕攪拌蛋液，加入雞湯及花雕酒拌勻，用密網篩過濾蛋液，倒入碟內，放上花蛤。
4. 蓋上保鮮紙或錫紙，避免倒汗水沾上蛋面，以大火蒸 4 分鐘，再轉中火蒸 8 分鐘。
5. 蒸好後灑上芫茜，最後淋上滾油和蒸魚豉油即成。

小竅門 *Beti's Tips*

- 雞蛋和水的比例必須是 1 比 2。
- 用保鮮紙或錫紙蓋着來蒸，以免倒汗水影響蛋面凝固。
- 蛋液過篩，盡量戳穿蛋液的氣泡。
- 我會用中大火蒸蛋，如果太大火很容易蒸至雞蛋不嫩滑。

Chapter

2

Home Cooking

家常小菜

栗子冬菇焖雞翼

這個絕對是香港經典家常菜之一！焖得入味的雞翼和栗子，熱辣辣伴飯吃真是一流。這個汁料是調教了數次後得出的食譜，非常惹味。雞翼建議購買品質較高的無激素雞翼，全家人都會吃得健康。

Simmered Chicken Wings with Chestnut and Mushroom

材料

- 雞翼 10 隻
- 栗子 200 克
- 冬菇 8 朵
- 乾葱頭 2 粒
- 蒜蓉 1 湯匙
- 薑 3 片
- 葱絲少許
- 生粉水 3 茶匙

醃料

- 紹興酒 1 湯匙
- 生抽 2 湯匙
- 糖 1/2 茶匙
- 生粉 1 茶匙
- 胡椒粉 1/2 茶匙
- 鹽 1/4 茶匙

調味料

- 蠔油 2 湯匙
- 老抽 2 湯匙
- 糖 1/2 湯匙
- 浸冬菇水或清水 300 毫升

做法

1. 雞翼加入醃料醃 30 分鐘；乾葱頭切片；栗子去殼去衣；冬菇浸軟、去蒂備用。
2. 栗子放入滾水內先煮 10 分鐘。
3. 燒熱鍋下油，加入薑片、乾葱片及蒜蓉用中火炒香，隨後加入雞翼煎至兩面金黃，再加入冬菇和栗子拌勻。
4. 倒入調味料煮滾後，加蓋轉小火燜 20 分鐘，最後加入生粉水煮至汁濃，再拌入葱絲即成。

小竅門

Beti's Tips

- 栗子的處理過程比較繁複，尤其是去殼和去衣的步驟，建議可以利用冷縮熱漲的原理，先在栗子表面別十字紋，再浸滾水 5 分鐘，會比較容易去殼。去殼後再次放入熱水浸一會，再放入凍水，表面的外衣很容易撕下來。
- 生粉 1 茶匙加入水 2 茶匙攪拌均勻成生粉水。

雞油花雕蒸馬友

馬友和雞油花雕的味道十分合拍，開邊的魚肉浸在花雕雞湯蒸熟，非常入味。如魚新鮮度十足，建議毋須加入薑同蒸，只需要加入少許葱放在底部，因為薑味會蓋過鮮魚的鮮味，反而會有反效果。除非魚不夠新鮮，才需要加薑去掉腥味。

Steamed Fourfinger Threadfin with Chicken Oil and Huadiao Wine

材料

- 馬友 1 條
- 花雕酒 50 毫升
- 雞脂肪 30 克
- 金華火腿 10 克
- 雞湯 200 毫升
- 糖 1/2 茶匙
- 葱 4 棵（切段）
- 紅辣椒 1 隻（切圈）
- 葱絲適量

做法

1. 馬友去魚鱗及內臟，開邊（可請魚販幫忙），毋須完全切斷，在魚身上輕抹少許海鹽。
2. 雞脂肪抹乾水分，放入鍋內用小火煎出雞油。
3. 蒸碟內加上雞湯、糖、花雕酒、金華火腿和雞油拌勻，放上葱段和馬友，以大火蒸 10 分鐘或視乎魚的大小至熟。
4. 將鋪在底部的葱段取走，灑上葱絲和辣椒圈即成。

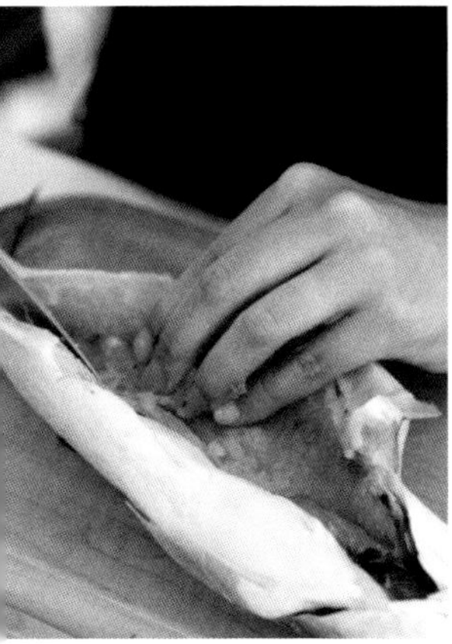

小竅門

Beti's Tips

- 雞脂肪可在日常煮雞時收集起來，或在街市的雞檔購買。

- 在蒸碟底部加入少許葱段，再放上鮮魚，目的是令蒸魚時受熱更均勻。

紅燒五花肉

這是個比較適合香港人口味的紅燒肉，醬汁不會太鹹，再加上冰糖的甜香，十分容易入口！

喜歡的可以加入雞蛋一起煮，吸睛之餘又好吃。

五花腩先煮後煎，效果會比直接煎更佳。

材料

- 連皮五花腩 250 克
- 薑 8 片
- 葱 4 棵（切段）

調味料

- 紹興酒 1 湯匙
- 冰糖 1 湯匙
- 生抽 2 湯匙
- 老抽 1 湯匙
- 水 300 毫升

做法

1. 豬皮上的毛用火槍燒掉。
2. 水內加入半份薑片和葱段煮滾，加入整塊五花腩煮 5 分鐘，沖水至冷卻，再切成 1 厘米闊方塊。
3. 鍋內下少許油，爆香剩下的薑片和葱段，加入豬腩肉塊，兩面煎至微黃色，逼出油分，倒去多餘的油分。
4. 倒進紹興酒，再加入其他調味料。煮滾後轉小火燜約 45-60 分鐘至豬肉軟腍，再轉大火煮 5-10 分鐘待醬汁煮至濃稠即成。

小竅門

Beti's Tips

✻ 最後一定要用大火煮至收汁，
才能將肉煮至美麗的焦糖色！

無水煮葱油雞

葱油雞是傳統的粵菜，雞和葱汁精華一起煮熟，十分入味。之前的做法都是加水烹調，但試過無水煮的做法後，一試難忘！用這種淺身而保溫度高的珐瑯鑄鐵鍋最適合！鍋底下全是雞和葱的精華，用來拌飯一流。如果要煮少分量的話，可以把所有材料減半和用半隻雞烹煮。

Spring
Onion
Chicken

材料

- 雞 1 隻
- 乾葱頭 4 粒
- 葱 2 大紮
- 大葱 1 棵
- 薑 6 片
- 辣椒粒適量（不吃辣可省卻）
- 芫茜適量
- 油 2 湯匙
- 滾油 2 湯匙

醃料

- 生抽 2 湯匙
- 老抽 1 湯匙
- 糖 1 茶匙
- 鹽 1 茶匙
- 紹興酒 1 湯匙

做法

1. 雞洗淨抹乾，在背部切半，盡量壓平，加入醃料醃 30 分鐘。
2. 葱切段；乾葱頭切半；大葱切條、再切半。
3. 鍋內先倒入油，放上薑片，之後平均地放上葱、乾葱頭和大葱，再放上雞和醃雞的汁。
4. 加蓋，調至中小火，當聽到煮滾的聲音後轉小火煮 20 分鐘，熄火，用餘溫繼續焗 10 分鐘。
5. 雞身放上芫茜和辣椒粒，取另一鍋加熱油 2 湯匙，將滾油淋在雞上即成。

小竅門 Beti's Tips

- 開始時用中小火烹調，當聽到煮滾的聲音時立即轉小火。使用無水煮的方法不能用太大火，否則很容易焦燶底和令雞身不夠滑嫩。
- 必須把大量的葱和薑片墊底，才能做到出水的效果。

黑蒜陳皮南棗蒸鱈魚

鱈魚的肉質非常鮮味，在我心目中沒有其他魚可以取代！鱈魚的價錢雖然不便宜，但是每次吃得津津有味已非常值得。

黑蒜由新鮮蒜頭發酵而成，有抗氧化和抗酸化的作用，味道方面沒有蒜頭的酸辣味，卻多了一層清甜之味，非常適合烹調清蒸菜式。

Steamed Cod with Black Garlic and Black Dates

材料

- 鱈魚 300 克
- 滑豆腐 1 件
- 黑蒜 4 顆
- 陳皮 1 塊
- 南棗 4 顆
- 蒜蓉 1 湯匙
- 薑和葱適量（切絲）
- 蒸魚豉油適量
- 滾油適量

醃料

- 鹽 1/2 茶匙
- 油 1 湯匙
- 生粉 1 湯匙

做法

1. 魚肉切塊，加入醃料醃 15 分鐘。滑豆腐切小塊。
2. 黑蒜去皮、切粒；南棗去核、切半；陳皮浸軟，刮去內瓤，切絲。
3. 碟內先放上滑豆腐，再加入其他材料，大火蒸 10 分鐘。
4. 倒去蒸魚汁，放上薑絲和葱絲，淋上滾油和蒸魚豉油即成。

小竅門 Beti's Tips

- 如買不到鱈魚，亦可使用其他少骨的魚塊如龍躉肉或石斑肉，同樣美味。
- 黑蒜可自行製作，或到乾貨店購買，其所含之大蒜素具有殺菌功效。

花蛤鮮蝦
金銀蒜粉絲煲

煮花蛤和娃娃菜期間會釋出水分，所以開始時毋須加入太多水。粉絲、金菇和娃娃菜都是很吸收汁料的食材，吸收了花蛤的鮮味和豆瓣醬，超級入味好吃。

粉絲預先用熱水浸軟，不會擔心稍後因煮得太久而吸收所有醬汁。

d Clams Pot
and Mungbean

材料

- 花蛤 1/2 斤
- 鮮蝦 1/2 斤
- 粉絲 1 包
- 金菇 1 包
- 娃娃菜 2 紮
- 蒜蓉 2 湯匙
- 炸蒜 2 湯匙
- 葱花 2 湯匙
- 辣椒碎 1 茶匙
- 水 200 毫升
- 葱段適量（裝飾用）

調味料

- 豆瓣醬 1 湯匙
- 生抽 2 湯匙
- 蠔油 1 湯匙
- 麻油 1 茶匙
- 糖 1/2 茶匙
- 鹽 1/2 茶匙

做法

1 粉絲用熱水浸 10 分鐘；金菇切去根部，弄散；娃娃菜洗淨，切塊。

2 熱鍋下油，加入蒜蓉、辣椒碎和葱花爆香，倒入調味料爆香，放入娃娃菜、金菇和粉絲，倒入水煮滾。

3 加入花蛤及蝦，加蓋以中火煮 6 分鐘或煮至花蛤張開殼，在表面灑上炸蒜、葱段即成。

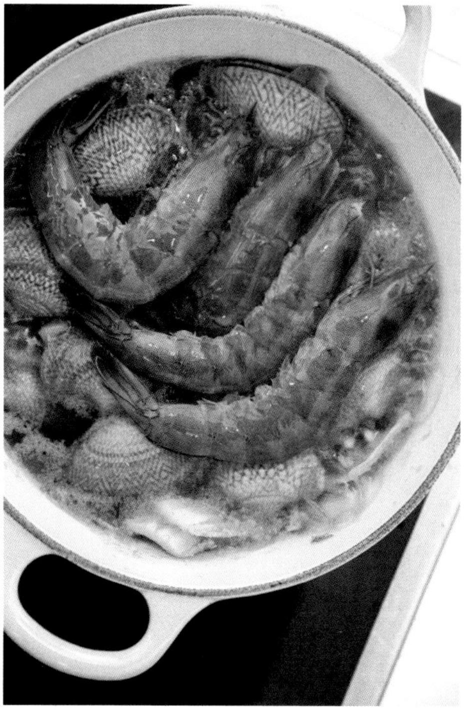

小竅門 Beti's Tips

* 在烹調前一小時，將花蛤放在室溫，加入少許鹽和指天椒在水內，辣椒有助刺激花蛤吐沙。
* 花蛤切忌長時間放在室溫，否則很容易死掉變臭，如當天買回家還未煮，可原袋先放雪櫃冷藏。

蜜味蒜香 一口豬柳

豬柳為豬脊骨與大排骨相連的瘦肉，由於這個部位的運動量和脂肪含量少，是豬肉中最滑嫩的一個位置。

這是小朋友最愛的一個餸菜！香脆的豬柳加上甜甜的蜜糖，非常美味。

豬柳建議購買品質較高的牌子，肉質更佳，做出來更加鬆軟。

材料

- 豬柳 400 克
- 生粉 4 湯匙
- 麵粉 4 湯匙
- 蜜糖 3 湯匙
- 油 35 毫升
- 炒香白芝麻適量

醃料

- 生抽 2 湯匙
- 老抽 1 湯匙
- 蒜蓉 1 湯匙
- 鹽 1/2 茶匙
- 黑椒碎少許
- 麻油 1/2 茶匙
- 糖 1 茶匙
- 紹興酒 1/2 茶匙

做法

1 豬柳切成一口大小（約 1 厘米寬），加入醃料醃最少 2 小時，醃一夜更佳。

2 生粉和麵粉拌勻，豬柳沾上粉；鍋內加入油，開中火炸豬柳約 5 分鐘至熟透。

3 在鑊中加入蜜糖，以小火煮滾後加入炸好的豬柳，攪拌均勻，最後撒白芝麻即成。

小竅門 *Beti's Tips*

最佳的方法當然是油炸，如果真的不想使用油炸，可用氣炸或半煎炸模式處理。

鬼馬蠔缽

「缽仔魚腸」是廣東一個經典懷舊菜式，但處理魚腸比較繁複，既要去除血塊和穢物，亦要去腥。

早前在朋友家中品嘗過以蠔肉取代魚腸，效果非常不錯。這個菜式口感豐富，可以吃到嫩滑的蛋、肥美的蠔肉及香脆的油條，值得推薦給大家試試。

材料

- 雞蛋 3 個
- 蠔 6 隻
- 油條 1/2 條（切件）
- 雞湯 150 毫升
- 芫茜適量
- 油 1 湯匙

調味料

- 花雕酒 1 茶匙
- 胡椒粉 1/2 茶匙
- 鹽 1/2 茶匙

做法

1. 蠔放在碗內，用生粉拌勻，沖水洗 2-3 次。燒滾水，放入蠔煮 30 秒，熄火，焗 1 分鐘取出，用廚房紙輕輕吸乾水分備用。
2. 將雞蛋、雞湯、鹽、花雕酒和胡椒粉攪拌均勻。
3. 熱鑊下油，放入蠔輕輕煎至兩面微金黃，取出備用。
4. 深碟內先放上蠔，倒入蛋汁，最後放上油條，以中大火蒸 12 分鐘。
5. 焗爐預熱 200℃，在油條掃上油，放入焗爐焗 6 分鐘，以芫茜裝飾即成。

小竅門 *Beti's Tips*

- 可以選用日本急凍或新鮮蠔，前者較方便儲存；後者則毋須解凍，而且比較鮮甜。
- 油條可以在粥品店選購，建議即日買即日做，可保持鬆脆口感。

蔥爆鮑魚

海鮮菜式最理想的做法就是簡單煮，就能最容易吃到海鮮本身的鮮味！

這道菜第一次是在西貢的海鮮餐廳吃過，喜歡吃辣的可以加辣椒乾，風味會大大提升！

鮑魚可以根據自己喜好購買不同的品種，較為化算的可選擇中國大連活鮑，想吃得好一點，可選購南非或澳洲的新鮮鮑魚。

材料

- 新鮮鮑魚 10 隻
- 薑 8 片
- 蒜頭 8 瓣（拍扁）
- 乾葱頭 6 粒
- 辣椒乾 6 隻（可省卻）
- 葱 4 棵
（部分切段；部分切粒）
- 葱花適量
- 油 2 湯匙

調味料

- 生抽 1 茶匙
- 老抽 1 茶匙
- 蠔油 1 湯匙
- 糖 1 茶匙
- 生粉 1 茶匙
- 米酒 1 茶匙
- 水 1 湯匙
- 胡椒粉 1/4 茶匙

做法

1. 鮑魚用牙刷輕輕擦淨，放入熱水煮 30 秒，立刻取出沖凍水，用刀或匙羹取出鮑魚肉，去掉鮑魚膽、腸和咀，繼續用牙刷在水喉下擦洗鮑魚，擦走邊位的黑色部分。
2. 熱鍋下油，以中火爆香薑片、蒜頭、辣椒乾、乾葱頭和葱約 2 分鐘，加入鮑魚，轉大火炒約 3 分鐘。
3. 加入調味料，調至中火再煮 2-3 分鐘，熄火，加入葱花即成。

小竅門

Beti's Tips

- 有些人喜歡先把鮑魚略煮才清潔，原理是怕太大力擦洗鮑魚，令鮑魚收縮而肉質不夠爽口；但我仍是喜歡先輕輕清洗，再煮 30 秒，拆肉後再擦擦邊位，因煮過的鮑魚比較脆弱，不宜用力清潔。
- 鮑魚用大火快炒令口感最爽口，我較喜歡把鮑魚煮至剛剛熟的口感！

左邊是已去掉腸臟的鮑魚。

菠蘿咕嚕蝦球

這道菜式是嫲嫲的家傳食譜，老人家説甜酸汁不會用到白醋，從前都是用酸梅或山楂取其酸味，而麥芽糖則取其甜味。我個人認為咕嚕蝦球比咕嚕肉更容易烹調，省卻醃肉和翻炸的步驟。新鮮和冰鮮蝦都可以使用在這個菜式上，但建議選購較大隻的蝦製作，口感更佳！

材料

- 中蝦 12 隻
- 青紅椒各 1/2 個（切角）
- 罐頭菠蘿 2 片（切大粒）
- 雞蛋 1 個
- 生粉半杯
- 油 400 毫升

醃料

- 鹽 1/4 茶匙
- 胡椒粉 1/4 茶匙
- 生粉 1 茶匙

甜酸汁

- 水 80 毫升
- 麥芽糖 40 毫升
- 酸梅 3 粒
- 檸檬汁 1 茶匙
- 茄膏 1.5 湯匙

做法

1 蝦去殼、去腸，在蝦身用刀切入 2/3 深度，開邊，但小心不要切到底，加入醃料拌勻，放入雪櫃備用。

2 甜酸汁做法：酸梅去核、壓碎，麥芽糖加水以小火煮溶，加入其他材料邊攪拌邊煮至濃身，試味後如覺酸味不足，可加少許檸檬汁；若甜味不足則加少許糖。

3 取出蝦，拌入雞蛋 1 個。

4 燒熱油，每隻蝦沾上生粉，再用手將蝦捲成圓餅狀，放入滾油內以中火炸 2-3 分鐘至熟透，取出隔油備用。

5 燒熱油，爆炒青紅椒，再加入菠蘿和蝦，最後倒入甜酸汁炒至醬汁掛在蝦上即成。

小竅門

Beti's Tips

- 要做成美觀的蝦球形狀，蝦開邊時需切至 2/3 深度，沾上蛋漿和生粉後，用手捲成一個圓餅，下油鍋炸時會定型成蝦球形狀。
- 蝦球下油鍋前才沾上生粉，以免生粉太濕影響炸後之口感。
- 酸梅和麥芽糖在街市雜貨店有售；選用茄膏因其色澤比茄汁更鮮艷吸睛。

椒鹽煎雞翼

這個是嫲嫲的食譜，雞翼是我十分喜歡的菜式，非常簡單又好吃。相比油炸，我個人更喜歡使用香煎的方法處理雞翼。

椒鹽是港式大排檔的調味料，多數配以油炸菜式，令味道更加惹味！

材料

- 雞翼 10 隻
- 蒜蓉 2 湯匙
- 乾葱碎 1 湯匙
- 指天椒碎 1 湯匙
- 葱花 2 湯匙

調味料

- 五香粉 1/2 茶匙
- 淮鹽 1 茶匙

醃料

- 生抽 2 湯匙
- 糖 1 茶匙
- 麻油 1 茶匙
- 老抽 1 茶匙
- 米酒 1 湯匙
- 准鹽 1/2 茶匙
- 胡椒粉 1/2 茶匙
- 生粉 1 湯匙

做法

1. 所有醃料拌勻，雞翼放入醃料醃最少 1 小時，醃一夜更佳。
2. 熱鑊下油，用小火煎香雞翼兩面至金黃色約 1-2 分鐘，加入水 30 毫升，小心彈油！加蓋煮 5 分鐘，此時水分會揮發。
3. 打開蓋，轉中火，將雞翼兩面繼續煎 1-2 分鐘至金黃色，最後加入其他材料及調味料炒香即成。

小竅門 Beti's Tips

* 煎雞翼一定要用中小火，但很多時會出現外皮焦燶而肉卻未熟的情況。我會將雞翼煎至兩面金黃色，再下少許水加蓋煮至水收乾，令雞翼中心受熱均勻，再轉中火把雞翼兩面繼續煎至金黃。這個方法大約需時 6-8 分鐘就可以煎熟雞翼。

鮮椒滑牛肉

這是一道超簡單卻十分惹味的四川家常小菜！

滑牛部位我多數選購新鮮牛冧肉或牛柳，可以請街市的牛肉店販幫忙切片，方便快捷。

材料

- 牛肉 300 克
- 葱 1 大紮
- 蒜蓉 3 湯匙
- 薑蓉 3 湯匙
- 辣椒乾 10 隻
- 指天椒 6 隻

醃料

- 蠔油 1 湯匙
- 生抽 1 湯匙
- 糖 1 茶匙
- 胡椒粉 1/2 茶匙
- 生粉 1 湯匙
  （加水 2 湯匙拌成生粉水）
- 油 1 湯匙

調味料（拌勻）

- 生抽 1 湯匙
- 糖 1/2 茶匙
- 生粉 1 茶匙
- 水 2 湯匙

做法

1. 牛肉切片，加入蠔油、生抽、糖、胡椒粉拌勻，再加入生粉水攪拌 30 秒至均勻及牛肉吸收足夠水分，最後加入油醃 15 分鐘。
2. 葱切粒；辣椒乾和指天椒切粒。
3. 燒熱鑊，以中火燒熱油 2 湯匙，加入蒜蓉、葱粒、薑蓉、指天椒和辣椒乾爆香，再下牛肉，先鋪平煎好一面才開始爆炒，見牛肉開始轉成淺粉紅色時，加入調味料多炒 30 秒即成。

小竅門

Beti's Tips

想煮出滑牛的效果，緊記以下幾項要點：

- 必須按照步驟 1 的醃肉次序。
- 選對牛肉部位，肉質自然好吃。
- 切牛肉時要逆紋切，可切掉肉筋。
- 要有適量的油煮牛肉；烹調時間亦不可過長。

不同種類的辣椒乾。

薑汁炒本地芥蘭

看似簡單的菜式，其實最考功夫。

近年我喜歡選購本地有機菜，一來支持本地農業，二來有機無農藥，吃得更健康。

芥蘭必須摘去粗韌的部分，以及削去菜莖的厚皮，這樣炒煮的芥蘭才能夠保持爽脆嫩身的口感。

材料

- 芥蘭半斤
- 雞湯 50 毫升
- 薑汁 2 湯匙
- 米酒 1 湯匙
- 鹽 1/2 茶匙
- 糖 1/2 茶匙

做法

1. 芥蘭浸水清洗，摘去粗韌部分，削去菜莖厚皮，斜切分成菜莖和菜葉兩部分（如使用芥蘭苗可省略此步驟）。
2. 熱鑊下油，放入菜莖和糖，大火炒至轉色後，加入菜葉繼續拌炒。
3. 加入薑汁和米酒煮 10 秒，倒入雞湯及灑入鹽，煮至菜葉轉成鮮綠色即成。

小竅門　Beti's Tips

- 煮芥蘭時我喜歡加入少許糖，有助去掉芥蘭的青澀味。
- 炒芥蘭用大火快炒的方法最合適。
- 將薑去皮、磨蓉後，可擠出薑汁備用。

港式魚香茄子煲

這個食譜是嫲嫲的私家食譜，超級美味，調味到位，伴飯吃一流！魚香茄子原是川菜，這個版本稍微少辣配合口味。

茄子我個人喜歡泡油，亦可以用半煎炸模式，茄子皮向底可輕易取得鮮艷的紫色。若想吃得較健康，可以把浸過鹽水的茄子蒸五分鐘。鹹魚粒是靈魂所在，不可省掉呀！

plants with
ork in Clay Pot

材料

- 免治豬肉 150 克
- 茄子 1 條
- 鹹魚粒 1 湯匙
- 乾葱蓉 1 湯匙
- 蒜蓉 1 湯匙
- 薑蓉 1/2 湯匙
- 指天椒粒 1/2 湯匙
- 辣豆瓣醬 1 湯匙
- 水 3 湯匙

醃料

- 生抽 1 茶匙
- 糖 1/2 茶匙
- 油 1/2 茶匙
- 生粉 1/2 茶匙
- 胡椒粉少許

調味料

- 生抽 1 茶匙
- 老抽 1 茶匙
- 麻油 1 茶匙
- 蠔油 1 茶匙
- 糖 1/2 茶匙
- 水 1 湯匙
- 紹興酒 1 茶匙

做法

1. 免治豬肉與醃料拌勻醃 10 分鐘。
2. 茄子洗淨，切粗條。鍋倒入適量油，中火加熱，將茄子炸 2 分鐘至微黃，盛起隔油備用。
3. 熱鍋下油 1 湯匙，爆香鹹魚粒至酥脆，加入免治豬肉炒至乾身和細粒狀，下乾葱蓉、蒜蓉、薑蓉、指天椒粒與辣豆瓣醬炒熟。
4. 倒入水及茄子煮 3 分鐘至入味，最後加入調味料用中火煮至收汁即成。

小竅門

Beti's Tips

- 建議茄子在下油炸前才切，如切後不立刻煮會氧化變色，建議用鹽水浸泡以減緩氧化速度。
- 如想烹調不辣的版本，只需用普通豆瓣醬和省卻指天椒粒便可。

我喜歡少辣版的「魚香茄子」，色澤已很吸引人了！

Chapter

3

Eye Catching Dishes

吸睛佳餚

白咖喱香茅雞扒

白咖喱絕對是我最喜愛的其中一款咖喱汁！

白咖喱只有微辣，充滿椰香和甜味，特別適合配上香茅味的食材。今次選了香茅雞扒，主要是懷緬一下在街外吃到的味道。

自家製作就可以用一些高質素的食材，如無激素雞扒或雞翼等，食得安心。白咖喱粉較難在普通超市購買得到，建議嘗試到東南亞食材店選購。

Lemongrass Chicken Fillet with White Curry Sauce

材料

- 雞扒 300 克
- 香茅 2 支
- 乾葱頭 2 粒
- 蒜蓉 1 湯匙
- 洋葱圈適量
- 炸乾葱適量

醃料

- 生抽 1 湯匙
- 魚露 1 湯匙
- 糖 1 茶匙
- 胡椒粉少許

白咖喱醬

- 白咖喱粉 2 湯匙
- 椰奶 250 毫升
- 雞湯 150 毫升
- 乾葱蓉 2 湯匙
- 檸檬葉 4 塊
- 南薑 2 小塊
- 香茅 1 支
- 魚露 1 湯匙
- 椰糖 1 湯匙

做法

香茅雞扒

1. 乾葱切蓉；香茅用刀拍扁後，切碎備用。
2. 雞扒洗淨、抹乾，加香茅、糖、乾葱蓉、蒜蓉、生抽、胡椒粉、魚露醃最少 1 小時，醃一晚更佳。
3. 平底鑊加油，用小火煎雞扒至熟備用。

白咖喱醬

1. 南薑用刀拍鬆、切片；香茅用刀拍鬆、切段；檸檬葉撕開。
2. 熱鑊下油，下南薑、香茅和乾葱蓉爆香，轉小火，加入白咖喱粉炒香，加入椰奶、雞湯、椰糖、魚露和檸檬葉煮約 10 分鐘至濃稠即可。
3. 白咖喱汁倒在碟上，再放上雞扒、洋葱圈及炸乾葱裝飾即成。

小竅門

Beti's Tips

- 炒咖喱粉不可以太大火，否則令咖喱粉焦燶而產生苦味。
- 建議一邊烹調白咖喱汁，一邊煎雞扒，這樣會比較有效率。

一鍋到底
檸檬蒜蓉大蝦意粉

近年煮食界好像興起一陣「一鍋到底」的熱潮（one pot meal），主要原因是方便快捷，只需要烹調一個菜就可解決一餐，這個意粉絕對是「一鍋到底」菜式的表表者，包含了澱粉質、肉類和蔬菜！工作繁忙的日子，讓自己休息一下，烹調這類簡單的意粉未嘗不是一件好事。

Meal

材料 \2人用/

- 蝦仁 12-15 隻
- 意粉 150 克
- 牛油 20 克
- 橄欖油 2 湯匙
- 菠菜苗 150 克
- 蒜蓉 2 湯匙
- 乾辣椒碎 1 湯匙
- 檸檬汁 1 湯匙
- 芝士 3 片
- 番茜適量
- 檸檬數片

調味料

- 海鹽適量
- 黑椒碎適量

做法

1. 蝦仁洗淨，在背部輕輕切一刀開背，用廚房紙巾抹乾，兩邊灑上少許海鹽和黑椒碎備用。
2. 燒滾水，放入意粉跟包裝指示烹調（減 2 分鐘），加入鹽 1 茶匙煮熟。
3. 燒熱鑊，下半份牛油及半份橄欖油，爆香蒜蓉和辣椒碎，加入蝦仁煎至兩面金黃。
4. 加入菠菜苗煮 2 分鐘至翠綠色，下芝士片、檸檬汁、餘下的牛油和橄欖油煮約 2 分鐘至汁濃，加入意粉拌勻，灑入海鹽和黑椒碎調味，最後加上番茜及檸檬片裝飾即成。

小竅門

Beti's Tips

- 蝦仁我會選用冰鮮大虎蝦仁，肉質比較爽脆，烹調後亦不會縮水。
- 意粉要煮到有 Al Dente 的口感，必須先根據意粉包裝上註明再減少 2 分鐘來煮熟，因為意粉回鍋繼續加熱，可避免煮得過熟。

番茄肥牛粉絲煲

「沙嗲金菇肥牛煲」吃得多，番茄肥牛粉絲煲比較少見，但我反而喜歡番茄肥牛甜甜酸酸的感覺，配上浸至入味的粉絲，超級好吃！在家中煮肥牛煲，可以大量添加肥牛分量，吃得十分過癮！最重要是營養全面，一家大小都非常適合。

材料

- 肥牛 400 克
- 番茄 3 個
- 金菇 1 包
- 粉絲 1 包
- 蒜蓉 2 湯匙
- 芫茜 適量

調味料

- 生抽 1 湯匙
- 蠔油 1 湯匙
- 水 200 毫升
- 糖 1 茶匙
- 紹興酒 1 茶匙
- 麻油 1 茶匙

做法

1. 肥牛用生抽 1 湯匙及糖 1 茶匙醃 10 分鐘；粉絲用熱水浸軟；番茄切塊；金菇清洗後，切掉根部。
2. 鍋內放入少許油，待油熱後下肥牛炒至 7 成熟，取出備用。
3. 鍋內燒熱油 1 湯匙，以中火爆香蒜蓉，加入番茄炒香，倒入調味料煮 3 分鐘，下粉絲及金菇煮 2 分鐘，最後加入肥牛煮熟均勻，在表面灑上芫茜即成。

小竅門 Beti's Tips

牛肉預先炒熟會較香口，隨後再加入鍋內也不會有浮泡污物。

潮式醬汁浸花蛤

近年中式餐廳興起這個潮州特色下酒菜，做法非常簡單，將新鮮花蛤用滾水煮熟後，浸在秘製的醬汁內，所以有人稱這道菜為「潮式浸花蛤」。

曾試過加入辣椒碎的版本，但我發現沒有辣味的效果反而更清新。去掉花蛤一邊外殼，主要目的是較為美觀，而且進食時也方便。

材料

- 花蛤 1 斤

醬汁

- 芫茜 1 紮（切碎）
- 紅尖椒半條（切碎）
- 蒜蓉 1 湯匙
- 麻油 1 茶匙
- 生抽 1 湯匙
- 魚露 1 湯匙
- 糖 2 茶匙
- 水 50-100 毫升

做法

1. 花蛤浸於鹽水內去淨沙粒；燒滾水，放入花蛤以大火煮至開口，取出略沖凍水，去掉一邊外殼，排在碟上備用。
2. 將醬汁材料拌勻，自行試味，若鹹味不足可加些魚露。
3. 將醬汁倒在花蛤上即成。

小竅門 *Beti's Tips*

紅尖椒及芫茜盡量切得細緻一點，口感和賣相會比較突出。

超滑玫瑰豉油雞

大家不要以為烹調一整隻全雞是很複雜的事，這個食譜非常簡單，只需要把全隻雞放入，再下調味料用小火浸泡即成。如何斬雞可以參考第十二頁。

玫瑰露酒屬於中式酒類之一，用玫瑰花瓣、高粱酒和冰糖釀製，味道特別清香，但酒味頗濃烈，所以我選擇在烹調期間加入玫瑰露酒，但如喜歡酒味濃重的，可在最後焗雞時加些玫瑰露酒以增加酒味。

材料

- 雞 1 隻
- 薑 6 片
- 乾葱頭 6 粒
- 葱 1 大紮（切段）

調味料

- 玫瑰露酒 20 毫升
- 生抽 150 毫升
- 老抽 50 毫升
- 水 400 毫升
- 冰糖 2 湯匙

做法

1. 雞洗淨，於雞頸位置剪一個洞，清理內臟，剪走雞腳。
2. 煮一鍋滾水，放入雞將每邊雞皮各浸 30 秒，拿起立刻放入凍水內，冷卻備用。
3. 將所有調味料、薑、乾葱頭和葱放入鍋內煮滾，調至最小火，放入雞隻，首 3 分鐘不斷把調味汁倒在雞身上，加蓋用最小火煮 15 分鐘，翻轉另一面煮 15 分鐘，熄火焗 15 分鐘，用筷子戳一下雞髀位，沒有滲出血水即熟透。
4. 取出雞待稍涼，切件，倒入適量煮雞汁，加上葱絲即可品嘗。

小竅門 Beti's Tips

烹調滑雞小貼士

- 全程用超小火浸煮，這樣煮出來的雞肉才嫩滑。
- 浸煮前，用滾水浸雞皮各 30 秒，立刻放入凍水，雞皮冷縮熱漲後，煮時就不易破皮。
- 可以在雞頸開一個洞，煮的時候汁料流過雞身會更入味。

法式紅酒燉牛肉

「法式紅酒燉牛肉」是非常出名的法式家鄉料理！這個最終食譜是調教了數次的版本，味道非常恰當！有時，我會伴白飯進食，或會加入意粉和醬汁一起吃。

牛肉可以選擇牛肋條或牛肩肉，這些部位的組織比較多，有肥有瘦，長時間燉煮也不易散開來。由於加入了麵粉令汁料濃厚，所以烹調時全程必用小火，以避免燒焦鍋底，而且期間要攪拌一下。

材料

- 牛肋條或牛肩肉 500 克
- 洋葱 1 個
- 車厘茄 8 粒
- 蒜頭 4 瓣
- 甘筍 1 條
- 西芹 50 克
- 蘑菇 8 顆

汁料

- 茄膏 3 湯匙
- 牛油 2 湯匙
- 紅酒 200 毫升
- 牛高湯 300 毫升
- 麵粉 2 湯匙
- 百里香 3 紮
- 月桂葉 2 片
- 黑椒碎及鹽各適量

做法

1. 牛肋條解凍，切成塊，下鹽及黑椒碎醃 10 分鐘；洋葱切條；車厘茄切半；甘筍及西芹切塊。
2. 熱鍋下油，加入牛肋條用中火煎至兩邊微微金黃，盛起備用。
3. 在相同鍋內，加入牛油用小火炒香洋葱約 2 分鐘，下蒜肉炒 1 分鐘，加入車厘茄、甘筍和西芹炒勻。
4. 拌入茄膏炒勻後，下麵粉拌勻，加入牛肉、牛高湯、紅酒、百里香及月桂葉，用大火煮滾，灑入鹽和黑椒碎拌勻。
5. 轉小火，加蓋燜 1 小時，期間不要開蓋，熄火焗 30 分鐘，繼續用小火多煮 30 分鐘，在最後 10 分鐘加入蘑菇即成。

小竅門

Beti's Tips

- 紅酒可以選用 Dry red wine 如 Pinot Noir、Merlot 或 Cabernet Sauvignon。
- 牛高湯可以用超級市場買到的盒裝高湯或濃縮方便包，如果真的找不到可用雞湯取代。

星級番茄芝士焗豬扒飯

這個食譜是一位星級餐廳老闆朋友分享給我的！何解説是星級？因為印象中的「番茄焗豬扒飯」都是茶餐廳食品，今次我卻挑選了高級食材來做成高級版本。我選購了高質素的西班牙黑毛豬豬扒，肉質較多汁及鬆軟。飯底必須用黃金蛋炒飯，鋪滿意大利芝士的番茄焗豬扒飯非常好食！飯面再加一個日本太陽蛋，簡直是百吃不厭！

Premium Baked
Cheesy Pork Chop
Rice with Tomato

材料

- 豬扒 250 克
- 洋葱 1/2 個
- 番茄 2 個
- 水 200 毫升
- 茄汁 4 湯匙
- 糖 1 湯匙
- 鹽 1/2 茶匙
- 莫札瑞拉芝士碎（Mozzarella cheese）適量
- 太陽蛋 1 個

醃料

- 蛋白 1/2 個
- 生抽 1 茶匙
- 胡椒粉 1/4 茶匙
- 糖 1/2 茶匙
- 鹽 1/2 茶匙
- 生粉 1 湯匙
- 水 1 湯匙

炒飯料

- 熟白飯 2 大碗
- 雞蛋 1 個
- 鹽 1/4 茶匙

做法

1. 豬扒用刀背或鬆肉錘輕輕拍鬆，加入已拌勻的醃料醃最少半小時。
2. 番茄切角；洋葱切粗條備用。
3. 雞蛋加入鹽 1/4 茶匙拂勻，倒入白飯攪拌均勻。熱鍋下油 1 湯匙，放入蛋汁飯以大火不斷推炒，切忌按壓，有耐性地炒約 8 分鐘，待飯粒炒至乾身和粒粒分明。
4. 熱鍋下油，放入豬扒以大火煎至兩面金黃，取出備用。
5. 在同一個鍋內下油，加入洋葱炒香，下番茄炒 2 分鐘，倒入茄汁和水，灑入鹽和糖，以中火煮約 5 分鐘至汁液濃稠。
6. 焗盤內鋪上炒飯，放上豬扒及煮好的番茄汁，表面灑上芝士碎，以 180℃ 焗 10 分鐘，飯面鋪上太陽蛋即成。

小竅門 *Beti's Tips*

豬扒鬆軟的方法

- **處理時**：醃製前用鬆肉錘或刀背拍鬆豬拍，令肉質鬆軟。
- **醃製時**：必須加入蛋白及生粉，切記別下太多鹽，否則令肉質變硬，建議用生抽取代鹽醃製。
- **煎封時**：先用大火煎封豬扒，以鎖住肉汁。

意式忌廉三文魚

這款菜式是意大利的家庭料理，源自托斯卡尼（Tuscany），還記得第一次吃這個菜是當年在意大利拍攝結婚照片後，攝影師邀請我們到他家中作客。這道菜充滿了回憶，想起當年在Tuscany旅遊點滴，但原來已經好幾年沒煮這道菜了，這次撰寫食譜書時突然想起來。

這個菜式非常容易，而且營養成分極高，醬汁還可添加意大利粉一起烹調，做到一鍋到底的效果。

French Fried Salmon with Cream Sauce

材料

- 三文魚 2 塊
- 車厘茄 10 粒
- 菠菜苗 50 克
- 洋葱 1/2 個
- 蒜蓉 2 湯匙
- 番茜適量
- 橄欖油 2 湯匙
- 牛油 20 克

醃料

- 海鹽適量
- 黑椒碎適量

忌廉汁

- 忌廉 200 毫升
- 巴馬臣芝士（Parmesan cheese）50 克
- 白酒 100 毫升
- 牛油 2 湯匙

做法

1. 三文魚灑入適量海鹽和黑椒碎，醃 10 分鐘。
2. 洋葱切碎；菠菜苗洗淨，去根部；車厘茄切半。
3. 熱鍋下橄欖油，待油溫熱後，加入三文魚（魚皮向下），先把魚皮煎熟，煎至四面金黃熟透後，取出備用。
4. 燒熱另一個鍋，加入牛油爆香蒜蓉和洋葱碎，加入車厘茄及菠菜苗炒勻，倒入白酒煮滾，加入忌廉和芝士以小火煮至汁濃，灑上少許海鹽和黑椒碎調味，最後加入煎好的三文魚和番茜即成。

小竅門 *Beti's Tips*

建議選購無骨連皮的三文魚塊，用大火先把三文魚皮煎脆，效果更佳。

玫瑰蜜糖雞翼

這個食譜的靈感來自一間專賣雞翼的小食店，原來蜜糖雞翼配上玫瑰味後，除了美觀之外，味道特別充滿花香。

每次工作比較繁忙的時候，晚餐時想簡單煮都會想到雞翼。乾玫瑰花可以到茶葉店、蛋糕材料店或街市雜貨店購買得到。

材料

- 雞翼 10 隻
- 蜜糖 50 毫升
- 水 30 毫升
- 乾玫瑰花 10 克
- 乾玫瑰花適量（裝飾用）

醃料

- 玫瑰味蜜糖 1 湯匙（見步驟 1）
- 生抽 2 湯匙
- 老抽 1 湯匙
- 鹽 1 茶匙
- 黑椒碎少許
- 麻油 1/2 茶匙
- 糖 1 茶匙
- 玫瑰露酒 1 茶匙

做法

1. 乾玫瑰花、蜜糖和水用小火煮至微滾，攪拌均勻後熄火，放至常溫，隔走乾花成玫瑰味蜜糖。
2. 雞翼解凍後洗淨，瀝乾水分，加入醃料醃最少 2 小時，醃一晚味道更入味。
3. 焗爐預熱至 180℃。焗盤鋪上牛油紙，放入雞翼用 180℃ 焗 8 分鐘，反轉雞翼再焗 8 分鐘。
4. 在雞翼兩面塗上少許玫瑰味蜜糖，轉 220℃ 焗 5 分鐘，表面加上乾玫瑰花裝飾即成。

小竅門 *Beti's Tips*

- 想烤焗出外脆內軟的雞翼，焗盤鋪上牛油紙，放入醃好的雞翼時毋須倒上醃料；初段時間用低溫把雞肉焗熟，後期再轉高溫快速焗脆雞皮即可。
- 醃雞翼最理想是前一晚放在雪櫃醃好，這樣較為入味，翌日可以直接放入焗爐烤焗，步驟輕鬆又方便。

荷葉金銀蒜蒸蝦黃金飯

荷葉的香氣、黃金粒粒炒飯的蛋香，加上蒸蝦的鮮味，這是非常好吃的一道菜！

這個菜式建議用新鮮海蝦，主要原因是蝦的處理方法是清蒸，不用加太多調味料，盡量帶出蝦的鮮味。黃金炒飯方面，白飯加入雞蛋先攪拌均勻，然後需要適量油和大火有耐性地炒，將飯的水分逼走，就能輕易地做出粒粒分明的炒飯。

Steamed Shrimps and Egg Fried Rice with Garlic in Lotus Leaf

材料

- 乾或新鮮荷葉 1 塊
- 大蝦 8 隻
- 熟白飯 2 碗
- 雞蛋 2 個
- 葱花適量

蒜蓉汁（拌勻）

- 蒜蓉 1 湯匙
- 炸蒜 1 湯匙
- 雞粉 1/4 茶匙
- 鹽 1/4 茶匙
- 糖 1/2 茶匙
- 熟油 2 湯匙

做法

1. 荷葉洗淨，放入滾水內加少許鹽，以小火煮 1 分鐘變軟，瀝乾水分，鋪在蒸籠上備用。
2. 雞蛋打拂，加入鹽 1/4 茶匙，拌入白飯攪勻。
3. 熱鑊下油，放入已拌蛋汁的白飯待 30 秒，以大火有耐性地不斷推炒，但切勿推壓，炒約 8 分鐘，見飯粒分明及乾身，放在荷葉上。
4. 蝦洗淨，剪去蝦槍、蝦鬚和蝦腳，開邊，鋪在飯面。
5. 在鮮蝦面淋上蒜蓉汁，包好荷葉，用牙籤固定，以大火蒸 8 分鐘，最後撒上葱花即成。

小竅門 *Beti's Tips*

冬季時未必能買到新鮮荷葉，建議選用乾荷葉代替，荷葉香氣也非常豐富，在藥材舖或街市雜貨店可買到。購買時緊記挑選沒有破洞的，否則蒸時的汁料很容易流出來

酸辣金湯大蜆

近年很流行吃酸菜魚，今次來過變奏版，用新鮮肥美大蜆代替魚烹調，冬天時享用更加超級暖胃，另一重點是比酸菜魚容易處理。

野生椒和酸菜在街市雜貨店有售。酸酸辣辣的湯底，吃蜆後可以拿來煮麵吃。

材料

- 大蜆 1 斤
- 金菇 50 克
- 白蘿蔔 1/2 個
- 酸菜 100 克
- 野山椒 10 隻
- 指天椒 5 隻
- 蒜片 1 湯匙
- 薑 4 片
- 水 500 毫升
- 滾油 3 湯匙
- 芝麻 1 湯匙
- 青辣椒 2 條
- 芫茜碎 1 湯匙

調味料

- 生抽 1 茶匙
- 蠔油 1 湯匙
- 糖 1 茶匙
- 鹽 1/2 茶匙

做法

1. 大蜆浸泡鹽水 1 小時吐淨沙粒；金菇洗淨，切去根部；白蘿蔔切粗條。
2. 酸菜洗淨，切去尾部，再切成粗條；指天椒、青辣椒和野生椒切粗條。
3. 熱鍋下油，加入薑片和蒜片炒香，下酸菜、野山椒，指天椒炒約 2 分鐘，倒入水煮滾，加入調味料、金菇和白蘿蔔煮 5 分鐘。
4. 加入大蜆用大火煮約 5 分鐘至張開外殼，灑上芫茜、芝麻、青辣椒粒和辣椒碎，最後淋上滾油即成。

小竅門 Beti's Tips

- 如想口味多變化，這個菜式也可以用其他海鮮或肉類取替。
- 街市有分鹹酸菜及酸菜，記得是購買酸菜而非鹹酸菜，否則口感會比較鹹。

野山椒及酸菜

重慶麻辣雞煲

這個食譜是一位來自四川朋友給我的，自己試味後加以改良而成。重慶雞煲起源自中國，後來在香港興起，有不少餐廳更建議先吃雞塊，然後再來打邊爐。麻辣雞煲的好味之處是口味重，既麻亦辣，雞也要煮得嫩滑。若想有層次的底味，一定要加入不同的香料調製而成。

Chongqing Spicy
Chicken in Casserole

材料

- 雞 1/2 隻（斬件）
- 豆瓣醬 3 湯匙
- 薑 5 片
- 蒜頭 5 瓣
- 紫洋葱 1 個
- 乾葱頭 5 粒
- 指天椒 6 條
- 唐芹適量
- 芫茜適量

香料

- 乾辣椒 3 條
- 白胡椒粒 1 茶匙
- 花椒粒 1 茶匙
- 八角 3 粒
- 桂皮 1 片
- 月桂葉 2 片
- 花椒油 2 湯匙

醃料

- 生抽 1 湯匙
- 老抽 1/2 湯匙
- 紹興酒 1/2 湯匙
- 麻油 1 茶匙
- 糖 1 茶匙

調味料

- 雞湯 300 毫升
- 花雕酒 2 湯匙
- 生抽 2 湯匙
- 蠔油 1 湯匙
- 麻油 1 茶匙
- 糖 1 湯匙

做法

1 雞件加入醃料拌勻醃 15 分鐘；薑、乾葱頭和蒜頭略拍；唐芹和指天椒切段；紫洋葱切塊。

2 鑊內用大火燒熱油 2 湯匙，炒香薑、乾葱頭、蒜頭、指天椒、紫洋葱和唐芹。

3 倒入雞件炒香，下白胡椒粒、花椒粒、八角、桂皮、月桂葉、乾辣椒和豆瓣醬爆炒約 3 分鐘，下調味料煮滾。

4 轉小火慢煮約10分鐘，淋上花椒油，最後灑上芫茜即成。

小竅門 Beti's Tips

* 可選用冰鮮雞，斬件後烹調，如不喜歡連骨吃，可以無骨雞腿肉代替。
* 花椒油和花椒粒是麻味的精髓，一定不可以省卻啊！

日式明太子忌廉烏冬

忌廉烏冬在餐飲界好像引起一股風潮，除了賣相美觀可打卡之外，口感也是一絕。

這個烏冬做法非常簡單，將明太子加入其他材料一起煮成，喜歡重日本風味的更可加上紫蘇葉和紫菜等。食譜使用了忌廉和牛奶，如果全部使用忌廉會較不健康，所以加入牛奶，質感非常滑溜。

Japanese
with Mentaiko
and Cream

材料 2人用

- 烏冬 2 個
- 明太子 2 條
- 本菇 30 克
- 三文魚子隨意
- 紫菜絲隨意

忌廉汁

- 牛油 15 克
- 淡忌廉 150 毫升
- 牛奶 350 毫升
- 醬油 2 湯匙

做法

1 本菇洗淨，去除根部。
2 明太子去衣，用匙羹將明太子刮出來，備用。
3 鍋內加入明太子、牛油、淡忌廉、牛奶和醬油，用小火煮滾。
4 加入烏冬和本菇，以小火繼續煮約 5 分鐘至醬汁濃稠，加上三文魚子、紫菜絲裝飾即成。

小竅門 *Beti's Tips*

明太子為日本九州博多的名產，以鱈魚卵加鹽醃漬而成；而將辣椒磨成粉加入原有的鱈魚子醃漬的則是「辛味明太子」。大家可視乎自己口味選用原味或辛味，但建議不要購入顏色較鮮艷的明太子，因為大部分都添加了色素。

港式叉燒太陽蛋飯

叉燒不一定要到燒臘店或餐廳購買，自家製可以用這個簡單版食譜，做出星級餐廳的水準。

數年前，自己在家弄過叉燒後，發現其實十分簡單，醃好後放入焗爐即可，但焗叉燒最重要將叉燒醃汁淋在肉面，才能保持肉質濕潤而不會乾身。

Barbecued Pork and Sunny-side-up Egg Rice in Hong Kong Style

材料

- 梅頭肉 500 克
- 麥芽糖或蜜糖適量
- 雞蛋 2 個
- 白飯 2 碗

醃料

- 叉燒醬 4 湯匙
- 柱侯醬 1 湯匙
- 五香粉 1 茶匙
- 玫瑰露酒 20 毫升
- 糖 2 湯匙
- 生抽 2 湯匙

做法

1. 將梅頭肉切成約 2 厘米 x 5 厘米長條。
2. 梅頭肉與醃料拌勻，放入雪櫃醃最少 4 小時，醃一晚更佳。
3. 預熱焗爐至 160℃，梅頭肉放在錫紙上焗 30 分鐘，期間每 5 分鐘將醃汁塗在梅頭肉面，並將梅頭肉反轉兩面烤焗。
4. 每面塗上麥芽糖，調高爐溫至 200℃，每面各焗 5 分鐘，取出切片。
5. 熱鍋下油，放入雞蛋煎成太陽蛋，灑上甜豉油，伴叉燒及白飯品嘗。

小竅門 *Beti's Tips*

可使用新鮮的本地梅頭豬肉，如用冰鮮肉建議選擇日本或西班牙的梅頭豬肉。

因豬肉容易釋出水分，若烤焗時見焗盤內水分較多，建議先倒出水分才繼續烤焗。

Chapter

4

Signature Dishes

餐廳星級菜

日式和牛香菇釜飯

Wagyu Beef and Mushroom Kamameshi

日式釜飯有點像港式的煲仔飯，鍋內加入高湯、醬油、料理酒和味醂等煮成熟飯，亦可加入不同的材料，個人喜歡加入日式香菇、洋蔥或蘿蔔條，增加蔬菜的甜香。

這個菜式在一間懷石料理餐廳吃過後念念不忘！經過多番嘗試後做出這個食譜，其實在家也可簡易做出星級餐廳的味道！

材料

- 日本米 2 量米杯（320 克）
- 木魚高湯 2 量米杯（320 毫升，米和水的比例是 1:1）
- 和牛 200 克
- 日本乾香菇 50 克
- 葱花適量
- 三文魚子適量
- 大葉適量

調味料

- 日式醬油 1 湯匙
- 味醂 1 湯匙
- 清酒 1 茶匙
- 海鹽適量
- 黑椒碎適量

做法

1. 米洗淨；乾香菇浸泡 30 分鐘至軟身。
2. 鍋內加入米、木魚高湯、醬油、味醂和清酒拌匀，再加入香菇攪拌。
3. 用中火煮滾，轉小火加蓋煮 20 分鐘或至飯乾身，調至大火煮 1 分鐘，熄火，繼續加蓋焗 5 分鐘。
4. 和牛兩面灑上適量海鹽和黑椒碎，熱鑊下油，放入和牛用大火煎每面約 60-90 秒（時間視乎牛扒大小而定），煎好後取出待 5 分鐘，切粒備用。
5. 將和牛粒鋪在飯面，加上少許煎牛扒油，灑上葱花、三文魚子和大葉，加蓋焗 1 分鐘即成。

小竅門

Beti's Tips

- 若想釜飯帶有日式風味，煮飯的湯必須使用木魚高湯，可參考 p.21 木魚高湯的烹調方法，以配合多樣的菜式。
- 和牛不用煎得太熟，因牛肉切粒後放回飯多焗一會以散發更多香氣。
- 煎和牛的油可以倒入煮好的飯面，令飯滲有和牛的超級香味。
- 建議購買高質素的和牛，經濟一點的可選擇澳洲和牛。

蟹粉煲仔飯

蟹粉煲仔飯比其他煲仔飯更容易烹調，因為蟹粉可以分開處理，最後才加入煲仔飯面，不會擔心食材出水而需要調教煲飯的時間或火候。蟹粉可以在上海食材店購買得到。煲仔飯最好吃當然是飯焦，想起也忍不住了！

ith

Roe

材料

2人用

- 白米2量米杯（320克）
- 水2量米杯（320毫升，米和水的比例是1比1）
- 蟹粉100克
- 葱花適量

做法

1 在瓦鍋底抹上油1茶匙，米洗淨後加入同等分量的水，加蓋以中火煮至鍋蓋邊緣有蒸汽冒出，轉小火繼續煮約20分鐘至收水。

2 沿煲邊倒入油1湯匙，調至中火，將瓦煲打斜燒，向不同方位煮約1分鐘（共6分鐘），熄火，加蓋焗3-5分鐘。

3 這個時候可用筷子在米飯邊檢查一下有沒有飯焦，如飯焦不足，可多放一點油繼續重複煮。

4 熱鍋下油，下蟹粉炒2分鐘至蟹油溢出，把蟹粉倒在煲仔飯面，灑上葱花即成。

小竅門

Beti's Tips

飯焦的小秘訣

- 飯焦視乎每個爐頭的火候，未必一次成功，但多嘗試掌握時間和火候，一定能成功！
- 飯焦原理就像用油煎米餅，有油及將飯粒煮至乾身，最後稍微調大火就做到了。
- 秘訣是如何避免太大火而煮燶，可以靠氣味及聽聲音，如嗅到有燶味就表示有問題，要把火候調細。
- 切忌經常打開煲蓋，會影響烹調溫度。在煲飯後期要把煲打斜，傾向不同方向用火煮，這樣可令不同方位做到飯焦的效果。

- 我習慣不浸米，洗一下就煮，洗米後一定要盡量瀝乾水分，否則水分和米的比例會不對。泰國米最易煮至乾身及米粒分明，而且口感煙韌。

蒜香雞肉蝴蝶粉

這個參考自一家美國連鎖意大利餐廳的口味，十分簡易！

蒜蓉粉是這道菜的精髓，盡量不要省卻，如真的不想購買蒜蓉粉，烹調時可多加一點蒜蓉。可選用無激素雞柳，吃得健康又安心。

材料

- 雞柳 4 條
- 蝴蝶粉 200 克
- 急凍青豆 30 克
- 洋葱半個
- 甜紅椒 1/4 個
- 啡菇 3 粒
- 蒜片 1 湯匙
- 牛油 20 克
- 忌廉 150 毫升
- 莫札瑞拉芝士（Mozzarella cheese）50 克
- 巴馬臣芝士碎（Parmesan cheese）20 克
- 番茜碎適量

調味料

- 蒜粉 1 湯匙
- 海鹽和黑椒碎各適量

做法

1. 燒滾水，加入鹽 1 湯匙，放入蝴蝶粉按包裝指示烹調（減 2 分鐘），煮至彈牙質感，預留 50 毫升意粉水，盛起蝴蝶粉，瀝乾備用。
2. 雞柳洗淨，切粒，用廚房紙巾抹乾，灑上少許鹽及黑椒碎。熱鑊下油，放入雞柳以中小火煎至兩面微金黃，盛起備用。
3. 洋葱切條；甜紅椒切粒；啡菇切片。
4. 燒熱鑊，調至小火，下牛油煮溶，加入洋葱條炒約 5 分鐘至微焦糖色，放入蒜片炒香，下青豆、紅椒碎和啡菇炒 2 分鐘。
5. 灑入蒜粉、雞肉、蝴蝶粉和意粉水 50 毫升炒勻，加入忌廉和莫札瑞拉芝士煮至醬汁濃稠。最後灑入番茜碎、鹽及黑椒碎，上碟時鋪上巴馬臣芝士碎即成。

小竅門 *Beti's Tips*

依自己的口味，可用其他意粉代替蝴蝶粉，效果相同。

咖喱焗蟹蓋

我曾經在一間歷史悠久的越南餐廳品嘗這道菜，以咖喱調味，比普通的忌廉焗蟹蓋更好吃。這一道絕對是手工菜，拆蟹肉需要比較花時間，隨後的步驟不太複雜，以此來做宴客菜式，可顯示主人家的誠意。

材料

- 花蟹 2 隻
- 洋葱 15 克
- 蘑菇 15 克
- 牛油 2 湯匙
- 麵粉 1 湯匙
- 咖喱粉 1 湯匙
- 椰奶 60 毫升
- 雞湯 80 毫升
- 葱粒適量
- 蛋黃 1 個（拂勻）
- 芝士粉 3 湯匙

調味料

- 海鹽 1/2 茶匙
- 糖 1 茶匙

做法

1. 花蟹洗淨，蒸 15-20 分鐘至熟，放涼後拆肉備用。蟹蓋洗淨，備用。
2. 蘑菇和洋葱切碎，備用。
3. 熱鑊下牛油，加入洋葱炒至半透明，灑入咖喱粉和麵粉拌勻至無粉粒狀，慢慢加入雞湯煮至完全溶解，加入椰奶拌勻，下蘑菇粒和蟹肉拌勻，灑入葱粒、糖及海鹽即成餡料。
4. 將蟹肉餡料釀進蟹蓋，在表面掃上蛋汁，灑上芝士粉，放入焗爐以 180℃焗 10 分鐘至表面金黃即成。

Baked Stuffed Crab Shell with Curry Sauce

小竅門 Beti's Tips

- 蟹肉不用拆得太細碎，否則會影響口感。
- 牛油煮溶後加入麵粉，以慢火邊煮邊推至幼滑，確保沒有粉粒才下雞湯，這樣成品的質感會比較細滑。

花膠鮑汁撈飯

在一間中式餐廳吃過這個飯後，一試難忘！原來花膠配上鮑魚汁，再伴白飯吃是非常匹配。可直接用電飯煲煮成白飯，比用明火煲飯更簡單，但就沒有飯焦的效果。

Dried Fish Maw and
Abalone Sauce Rice

材料 \2 人用/

- 花膠 4 塊
- 白米 1.5 量米杯（240 克）
- 水 1.5 量米杯（240 毫升）
- 乾瑤柱適量
- 葱花適量
- 蒜頭 2 粒
- 葱 2 條
- 鮑魚汁 2 湯匙
- 雞湯 200 毫升

調味料

- 糖 1 茶匙
- 老抽 1 湯匙

做法

1. 花膠浸泡一夜；燒滾水，加入薑片、少許米酒及花膠，加蓋，以中火滾約 3 分鐘，熄火，繼續浸泡半天，浸發後切粗條備用。
2. 鍋底抹上少許油，米洗淨後加入同等分量的水分，加入鮑魚汁 1 茶匙攪拌，加蓋，以中火煮至鍋蓋邊緣有蒸汽冒出，轉小火繼續煮約 15 分鐘至飯熟，如想有飯焦效果，最後可轉中火多煮 3-5 分鐘。
3. 乾瑤柱浸泡至軟身，瀝乾水分，用油煎香備用。
4. 鍋內下油爆香蒜頭和葱，放入花膠快速輕炒，下鮑魚汁、雞湯和調味料，轉小火煮 20 分鐘。
5. 將煮好的鮑魚汁、花膠及煎香的瑤柱鋪在飯面，加蓋，以小火多煮 1 分鐘即成。

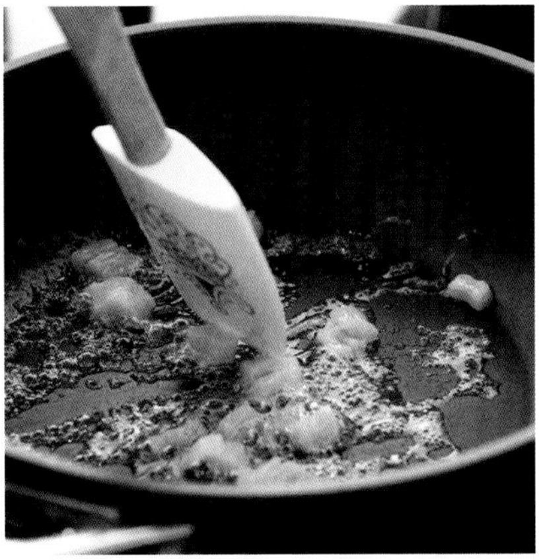

小竅門

Beti's Tips

- 個人比較喜歡用浸發的方法處理花膠，比蒸發方法更省時方便，浸發出來的花膠大小沒有很大差別。而且在浸發過程中只煮約 3 分鐘，膠質並不會大量流失。
- 如沒有鮑魚汁，可以蠔油取代。

凍天使麵配魚子醬及日式半熟蛋

近年，在高級餐廳經常出現這道菜式，主要是日式和西式 fusion 兩種，食材會使用非常矜貴的魚子醬和松露油。

在家製作價錢定會便宜一半，而且可增減魚子醬分量，吃得更加開懷。

這個意粉的製作非常簡單，最困難之處是如何像餐廳般，將意粉捲成一團上碟。

材料 \2人用/

- 天使麵 150 克
- 木魚高湯包 10 克
- 魚子醬 20 克
- 昆布乾絲 2 湯匙
- 葱花 1 湯匙
- 半熟蛋 1 個
- 金箔適量（裝飾用）

調味料

- 黑松露油 2 湯匙
- 檸檬汁 1 湯匙
- 海鹽適量
- 黑椒碎適量

做法

1. 燒滾熱水，放入鹽 1 湯匙、木魚湯包及天使麵，按包裝指示烹調（減 2 分鐘）煮至彈牙質感，瀝乾水分。
2. 昆布乾絲浸軟後放入碗內，加入天使麵、黑松露油、檸檬汁拌勻，灑入適量海鹽及黑椒碎調味，冷藏 30 分鐘。
3. 將天使麵用鉗子或筷子捲起，輕輕放在碟上，若感到困難可捲成一小撮、一小撮擺放。
4. 放上魚子醬、半熟蛋、葱花和金箔即成。

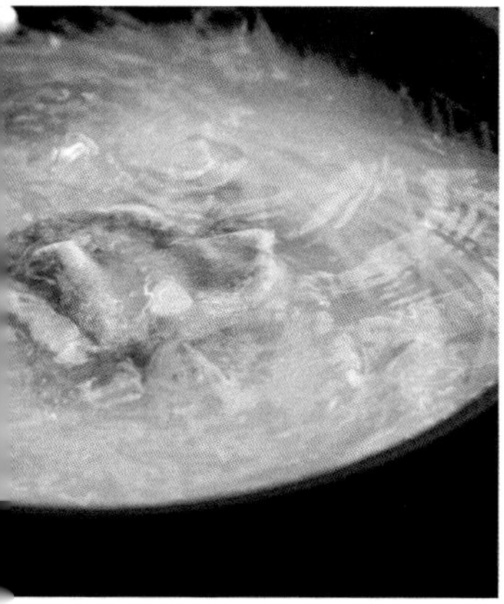

小竅門 *Beti's Tips*

- 可自製木魚高湯包，將木魚碎 10 克放入湯袋或茶包袋，主要目的是希望煮天使麵時多一層木魚香味。
- 半熟蛋的時間掌握，可參考 p.15。

北海道海膽意粉

海膽，絕對是我喜愛的食材之一，永遠不會嫌多！在家自製海膽意粉，好處是可以放入很多很多海膽。

近年，有不少日式食材直送店，很容易可購買到質素極高的海膽。這個食譜是在藍帶畢業的小叔分享給我，海膽意粉不用加太多材料，以免蓋過海膽的鮮味。

材料 \2人用/

- 意粉 150 克
- 海膽 150 克
- 淡忌廉 200 毫升
- 巴馬臣芝士碎（Parmesan cheese）50 克
- 海鹽適量
- 黑椒碎適量

做法

1. 燒滾水，加入鹽 1 湯匙及意粉，按包裝指示烹調（減 2 分鐘），煮至彈牙質感，瀝乾水分備用。
2. 鍋內加入淡忌廉，開小火煮至微滾，加入芝士不斷攪拌至溶化和汁液濃稠。
3. 加入海膽 100 克，不斷拌至醬汁濃稠，下意粉拌勻，灑入適量海鹽和黑椒碎調味。
4. 意粉放於碟內，表面加入餘下海膽即成。

小竅門

Beti's Tips

- 新鮮海膽口感濃郁甘甜，絕對不帶苦味或腥臭味。
- 購買新鮮海膽建議在可靠的日本食材直送店或大型超市，如看到海膽出水或帶有融化狀態，代表海膽不新鮮，或運送的溫度不穩定。
- 海膽是非常受溫度影響的食材，必須在 0℃至 5℃存放。新鮮的海膽粒粒分明，建議購入後在兩日之內食用。

忌廉羊肚菌焗雞飯

在餐廳品嘗時，用上全雞烹調，我改良了家庭烹調的簡易版，用雞扒取代全雞，令大家更容易處理。

羊肚菌乃菇中之王，是非常珍貴的菇類品種，菇味非常濃重，而且營養價值豐富。將羊肚菌放在忌廉菜式裏，吸收醬汁的精華，超級好吃啊！

材料 \2 人用/

- 無骨雞腿肉 4 塊
- 乾葱頭 2 粒
- 蒜蓉 1 茶匙
- 蘑菇 100 克
- 羊肚菌 8 個
- 百里香 2 條
- 麵粉 2 湯匙
- 牛油 2 湯匙
- 浸羊肚菌水 200 毫升
- 忌廉 150 毫升

醃料

- 海鹽適量
- 黑椒碎適量

牛油飯

- 白米 1 量米杯（160 克）
- 水 1 量米杯（160 毫升）
- 牛油 1 湯匙

做法

1 米洗淨，瀝乾水分。熱鍋下牛油，加入白米炒 30 秒，倒入水，加蓋，以小火煲 15-20 分鐘至飯熟透，備用。

2 羊肚菌用水浸 15 分鐘，洗淨，保留浸羊肚菌水；蘑菇切片；乾葱頭切條。

3 雞腿肉加入鹽和黑椒碎各少許，醃 15 分鐘。

4 熱鑊下牛油，放入乾葱和蒜蓉爆香 1 分鐘，加入蘑菇和雞腿肉煎 4 分鐘至兩面金黃，灑入麵粉炒勻，下百里香、浸羊肚菌水和羊肚菌煮 5 分鐘。

5 加入忌廉，用小火續煮 10 分鐘至汁濃，灑入鹽和黑椒碎調味；將汁料倒在飯面即成。

小竅門 Beti's Tips

如想吃得輕盈一點，可用白飯代替牛油飯。除了用明火煲飯之外，也可直接用電飯煲煮熟，更加方便。

伏特加辣貝殼粉

這個食譜是參考一間意大利餐廳的名菜，簡化而成的簡易版本，雖說是簡易版，但貝殼粉吸收了香濃的番茄忌廉辣汁，真的非常好吃。

食譜用上的意粉名叫 Rigatoni，是一種長圈狀意粉，因形狀關係而容易掛汁，在西式超市可購買得到，如真的找不到，可用貝殼粉或蝴蝶粉等取代。

若本身不好烈酒，又不想為了一道菜而購買一支伏特加酒，可用白酒或清酒代替。

材料

- 圈狀通心粉（Rigatoni）或長通粉 150 克
- 紅尖椒 1 隻
- 車厘茄 20 粒
- 乾葱碎 1 湯匙
- 茄膏 2 湯匙
- 伏特加酒 50 毫升
- 巴馬臣芝士碎（Parmesan cheese）40 克
- 牛油 20 克
- 淡忌廉 200 毫升
- 橄欖油適量
- 辣椒乾碎適量

調味料

- 海鹽適量
- 黑椒碎適量

做法

1 燒滾水，加入鹽1茶匙，放入通心粉按包裝指示烹調（減2分鐘），煮至彈牙質感。
2 紅尖椒去籽、切幼段；車厘茄切半，加入橄欖油 2 湯匙，放入焗爐以 200℃焗 15 分鐘。
3 車厘茄焗好後，放在密篩內，壓出番茄汁，車厘茄蓉留起備用。
4 燒熱油鑊，加入牛油以中火煮溶，爆炒乾蔥碎至軟身，加入茄膏、車厘茄汁、半份焗好的車厘茄蓉和紅尖椒炒 3 分鐘。
5 加入伏特加酒煮 1 分鐘 ，轉小火，加入辣椒乾碎、通心粉、芝士碎及淡忌廉拌勻至醬汁變稠，最後灑入適量鹽和黑椒碎調味即可。

小竅門 Beti's Tips

車厘茄放入焗爐焗熟再壓出茄汁，令這道菜式更原汁原味，比現成的番茄醬汁好吃得多。

不一樣的星級住家飯

著者
Beti's Kitchen

責任編輯
簡詠怡

攝影
梁細權

裝幀設計
鍾啟善

出版者
萬里機構出版有限公司
香港北角英皇道 499 號北角工業大廈 20 樓
電話：2564 7511　　傳真：2565 5539
電郵：info@wanlibk.com
網址：http://www.wanlibk.com
http://www.facebook.com/wanlibk

發行者
香港聯合書刊物流有限公司
香港荃灣德士古道 220-248 號荃灣工業中心 16 樓
電話：2150 2100　　傳真：2407 3062
電郵：info@suplogistics.com.hk
網址：http://www.suplogistics.com.hk

承印者
中華商務彩色印刷有限公司
香港新界大埔汀麗路 36 號

出版日期
二〇二二年七月第一次印刷
二〇二三年九月第四次印刷

規格
16 開（240mm X 170mm）

ISBN 978-962-14-7409-4